COSMETOLOGY
HEALTH CARE
INTRODUCTION
美容
保健概論
張嘉苓．陳惠姿◎編著

推薦序 Recommendation

由於社會不斷的進步，美容保健已日受重視，同時也是生活品質提升的重要指標之一，因此在先進國家之中，與美容保健相關的行業，均發展迅速，使得美容保健從業人員之專業素養也倍受肯定。

美容與保健已成為一種趨勢，此保健與養生的概念與熱潮已經席捲全球。美容、美髮、護膚、瘦身、保健的調理與應用等都必須以知識為基礎，才能朝安全、健康的目標邁進，進而使人文素養更上一層樓，及呈現自然與健康美！

美容界水準不斷提高，本書提供時下流行的方法與完整的美容保健資訊，內容簡易且實用，讀者容易運用於專業範圍或日常生活中，除可作為教科書用，也利於有志進修和證照考試、研習之用。

希望本書能幫助所有美容保健相關之從業人員、同學和想讓自己更美麗、健康的朋友及美容保健領域帶動一個積極、豐富的學習旅程。

嘉南藥理科技大學

楊朝成 校長

推薦序 Recommendation

隨者科技之進步及資訊普及化，人之生活素養提高，更重視身體及儀容之保健，本書《美容保健概論》涵蓋皮膚、指甲、頭髮、頭皮之保健與芳香療法、壓力管理、養生與睡眠保健，及化粧品種類與用途等，理論與實務結合，內容由淺而深，讀者易懂，使用於自我保健、學校、職場中是本很實用之工具書。

期望本書對學子們、美容醫學中心、SPA養生館，及美容沙龍、化粧品等專業從業人員，能充分的學以致用以提高其專業水準有所助益。

嘉南藥理科技大學 化妝品應用與管理系

陳榮秀 名譽教授

自序 Preface

人類生理需要達成後，將會注重儀容與養生，這是良好生活水準的指標。美容保健的定義是由內而外的調理，健康與養生保健的基礎打穩，膚色會顯得紅潤有彈性，再配合美容護膚及按摩紓壓，對人體將有提高身體、心理、靈性整體健康之效。

此《美容保健概論》一書，文字、語意深入淺出，資料齊全，使讀者能清楚閱讀，充份理解內容，掌握大綱。在每一章節後面也有練習題，可提供學生複習及思考的空間。

希望此書能幫助所有相關之從業人員、師生和對美容保健有興趣之人士。

張嘉苓、陳惠姿
於敏惠醫護管理專科學校

張嘉苓

敏惠醫護管理專科學校　美容保健科 助理教授

最高學歷

國立高雄科技大學 化學工程與材料工程系博士

嘉南藥理大學 化妝品科技研究所碩士

經歷

行政院公共工程委員會審查委員

國立成功大學人類研究倫理審查委員

台南市政府勞工局職訓就服中心評選委員

技專校院專業技術人員外審委員

中華民國美容經營管理學會學刊審查委員

中華芳香本草應用學會理事

台灣創新發明競賽籌備委員

國際認證中心顧問

台灣省女子美容商業同業公會聯合會會務顧問

中華民國芳香精油美容保健發展協會顧問

統久股份有限公司美容產業諮詢顧問

台鹽生技門市美容顧問

澎湖第一生技保養品開幕特聘美容專家

第49屆全國技能競賽北區分區技能競賽美容裁判

全國香氣鑑定暨精油配方設計技能競賽監評

國際美容美髮競賽國際美容評審長

台南市國中家政職群技藝競賽選手培訓教師

NCCA凝膠指甲初級檢定監評委員

TNA二級美甲師檢定監評委員

國際文創盃設計競賽執行秘書及總裁判長

台南市政府經濟發展局彩妝大賽評審

高雄市政府美容美髮競賽評審

台北美甲美容博覽會暨國際菁英賽美容評審長

南瀛國際工商經營研究社美姿美儀特聘專家

廣告造型及戲劇表演專業彩妝師

慕可舞團彩妝造型指導

專書

化妝品化學、家政概論

學術專長

專業彩妝、專業護膚、服裝設計、指甲彩繪、珠寶捧花設計、整體造型、藝術美學、美髮設計、家政概論、配飾設計、新娘秘書、芳香療法、香料學、化妝品調製、材料檢測與分析

專業證照

美容乙級證照、服裝丙級、IAAMA澳洲國際高階芳香療師、美國ENTITY水晶、粉雕及法式技師證、國際禮儀接待員乙級、二級美甲師、二級美睫師、二級美甲貼鑽設

計師、中藥草芳香保健師高級、婚禮顧問企劃師甲級、美髮造型師甲級、美容造型師甲級、芳香精油調理師、鬆筋養生保健師乙級、甲種職業安全衛生業務主管、國際彩妝品配方師和國際化粧品調製工程師證

獲獎

＊榮獲本校績優導師獎及優良教師獎

＊榮獲台南市政府家政職群（美容主題）國中技藝教育競賽獲獎指導老師

＊榮獲苗栗國際盃美容美髮大賽『創意化妝設計圖作品完成組』第二名

＊榮獲高雄市長盃美容美髮家事技術競賽大會『飾品創意設計組』第四名

＊榮獲國際文創盃設計競賽榮獲『珠寶捧花設計靜態作品』第四名

＊榮獲金門創新發明競賽『項鍊』金牌獎

＊榮獲創新發明競賽學術組『可增進護髮效果之多孔洞便利式帽套』金牌獎

＊榮獲台灣盃全國美容美髮家事技術競賽大會『教育金質獎』

＊榮獲台灣高雄市長盃全國美容美髮技術競賽大會『師鐸獎』

＊榮獲台灣盃全國美容美髮家事技術競賽榮獲『教學卓越獎』

專利

＊張嘉苓『甲片飾品』專利字號：新型第M 488899號

＊張嘉苓『可增進護髮效果之多孔洞便利式帽套』專利字號：新型第M455380號

＊張嘉苓『彩妝刷容器』專利字號：新型第M 411835號

＊張嘉苓、張文軫『睫毛捲曲器』專利字號：新型第M 408275號

編者簡介 About the Authors

陳惠姿

學歷

美國Argosy University

健康管理博士

美國Baker College

健康管理碩士

台北護理學院

護理學士

經歷

敏惠護校派駐敏盛醫院臨床指導老師

慈濟醫院護理師

長庚醫院工讀護士

中華民國芳療健康管理師命題委員

中華民國芳香精油美容保健發展協會顧問

中華芳香本草應用學會理事

全國香氣鑑定暨精油配方設計技能競賽監評老師

國際文創盃設計競賽裁判、裁判長

證照

護理師

專技高考護理師

護士

中華民國美容交流協會，抗壓SPA按摩、芳香療法結業證書

英國IFA高階國際芳療師認證

國際禮儀接待員證書

創意啟發規劃師

PVQC美容美妝專業英文（專業級、專家級）

中藥草芳香保健師

職場倫理證書

婚禮規劃管理證書

專長

養生保健、健康管理、護理與照護、芳香療法

現任

敏惠醫護管理專科學校　美容保健科　助理教授

目錄 Contents

皮膚概論

張嘉苓 編著

一、認識皮膚

二、皮膚的生理功能

三、皮膚的組成成分

四、皮膚的結構與作用

一、認識皮膚

皮膚是我們人體最大的器官，全身上下都是，皮膚的功能主要是對於外來的刺激及種種傷害具有保護的作用。人體皮膚依其構造與功能，可分為表皮、真皮、皮下組織三大部分，尤其皮膚中的真皮層和表皮層裡都含有大量的水分子，大約占人體水分70%左右，外觀呈現柔軟平滑且富有彈性，事實上皮膚是屬於凹凸不平的網狀紋路結構，在不同的年齡階段、性別及部位而產生不同的皮膚變化，而男性的皮膚厚度也比女性要來的厚實，但是以人體脂肪來說，女性脂肪又較男性厚，而手掌及腳底皮膚較厚；眼部皮膚則較薄。

美容保健小常識

皮膚中含有大量的水分子存在，大約占人體水分70%左右，主要在幫助人體維持生理機能正常，所以每日補充水分很重要，水分充足，皮膚就不易乾燥。

人體皮膚本身有酸脂膜存在，可以抑制及阻擋人體皮膚避免受到傷害，正常的酸脂膜呈現弱酸性的狀態，隨著體內荷爾蒙的影響，酸脂膜也會產生不同的變化。皮膚就像是一種探測器，能探測壓力、溫度、疼痛，當我們疲倦、營養不良、有壓力、免疫失調時，皮膚就會產生狀況，在皮膚器官中有幾個主要掌管感覺系統：

1. 觸覺：梅斯納氏小體。
2. 冷覺：克勞賽氏終球。
3. 溫覺：魯菲尼末器。
4. 壓覺：巴齊尼氏小體。
5. 痛覺：游離神經末梢，當人體出現觸覺、冷覺、溫覺及壓覺時，皮膚就會立刻產生反應，因此皮膚可說是人體與外界接觸最緊密的第一道防線。

二、皮膚的生理功能

皮膚是人體與外界接觸最重要的第一道防線，不但可以保護我們生物體免於受到刺激，還能使身體的運作隨著環境而改變。皮膚本身具有相當多的生理機能作用，如物理防禦作用、化學防禦作用、保濕作用、紫外線防禦作用、抗氧化作用、調節體溫及免疫等作用。同時，皮膚也具有接收功能，我們稱之為「皮膚」的接受器，能感受溫度、壓力、痛覺、觸覺或是紫外線等刺激，因此，皮膚除了有保護功用，更能使我們免於受到外界的干擾。人體中的皮膚具備以下功能：

(一) 保護作用

皮膚覆蓋著整個身體，占人體面積最大，可以有效避免有害的輻射、物理或化學環境汙染等傷害，同時，也可以防止細菌入侵，以及保護皮膚因過度乾躁及年齡層增加而導致膠原蛋白、彈力纖維與水分的散失。

(二) 呼吸作用

又叫生物氧化，任何生物在生命運作中都需要消耗能量(ATP)。當人體吸進氧氣，吐出二氧化碳產生呼吸作用時，此時在肺臟進行交換，皮膚也會共同分擔一部分的呼吸功能。

(三) 吸收作用

皮膚吸收主要可透過兩種途徑，第一種是經由表皮吸收；另一種則是經由毛囊皮脂腺吸收，第一種經表皮吸收效果最快，透過皮膚的吸收，可使化妝品有效滲透於皮膚裡，自然會比動物性油質易於被皮膚吸收。

(四) 排泄作用

主要經由汗腺達成，皮膚中的汗液可以幫助人體排泄水分、鹽類及其他許多有機物，可有效排除體內多餘的鹽分和老化的廢物，以及身體因新陳代謝而產生的毒素。

（五）免疫作用

皮膚裡有許多的免疫細胞，能執行我們身體內的一些生理功能，並幫助人體產生抗原及抗體作用，可保護身體免於微生物（如細菌、病毒等）入侵，以防止人體受到傷害。

（六）保濕作用

皮膚中的角質層，長期與空氣接觸，容易變的乾燥，適時補充含有胺基酸的天然保濕因子(NMF)是相當重要，胺基酸本身是屬於蛋白質的小分子，容易滲透皮膚且好吸收，是一個很好的保濕成分，可保護我們的皮膚避免乾燥。

（七）調節作用

汗液具有濕潤皮膚與調節皮膚的作用，不但可以幫助身體的溫度降到正常值外，也可改變皮膚的血流量，調節人體的體溫，以維持在正常恆溫狀態。

（八）感覺作用

皮膚能籍由真皮層的末稍神經將所接收到的感覺與訊息傳達到大腦，皮膚本身就含有許多不同的感覺接受器，可感覺觸痛及冷熱感。

（九）其他

皮膚表皮內含有維生素D的前驅物，可經由紫外線照射約5分鐘左右，體內就會自行活化並合成維生素D，維生素D也可從食物獲取，如缺乏此維生素，身體便會無法吸收鈣、磷，易導致骨質疏鬆。

三、皮膚的組成成分

皮膚通常是由兩個主要不同成分所組成，外層較薄稱之為表皮(Epidermis)，主要由上皮組織構成（表皮內含有許多汗腺、毛囊、皮脂腺及血管等）；內層我們則稱之為真皮(Dermis)，通常由較厚的結締組織所組成。隨年紀增長時，皮膚的結構跟功能也就會隨著環境、時間而改變。

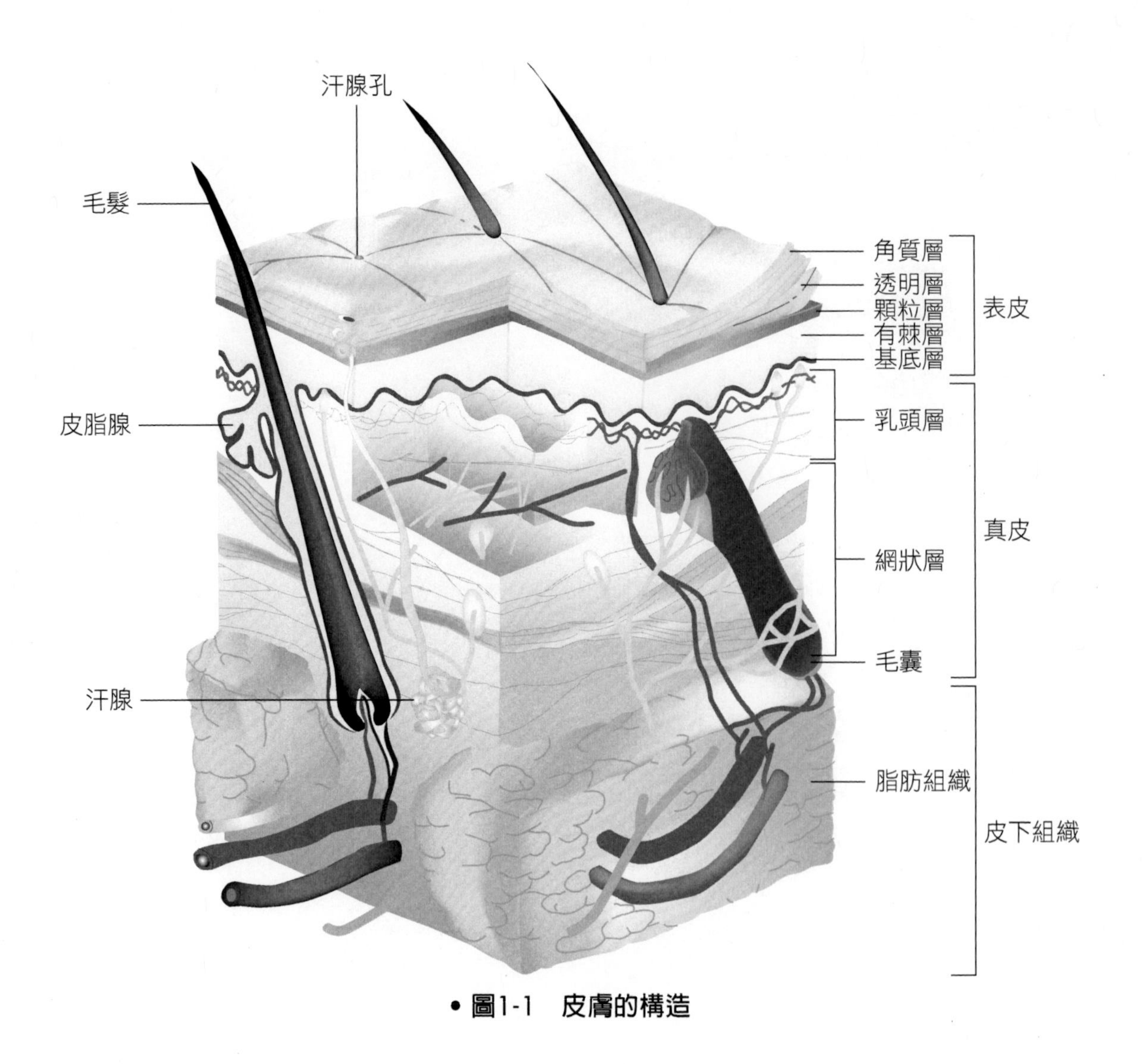

• 圖1-1　皮膚的構造

四、皮膚的結構與作用

皮膚(skin)由內到外分為五層：基底層、有棘層、顆粒層、透明層、角質層。皮膚主要作用是在保護身體，防止外界不同的物理及化學汙染的侵襲。依皮膚結構可將皮膚分為表皮層、真皮層、皮下組織及皮膚附屬器官等。

（一）表皮層 (Epidermis)

表皮層由內而外可分為基底層、有棘層、顆粒層、透明層及角質層。

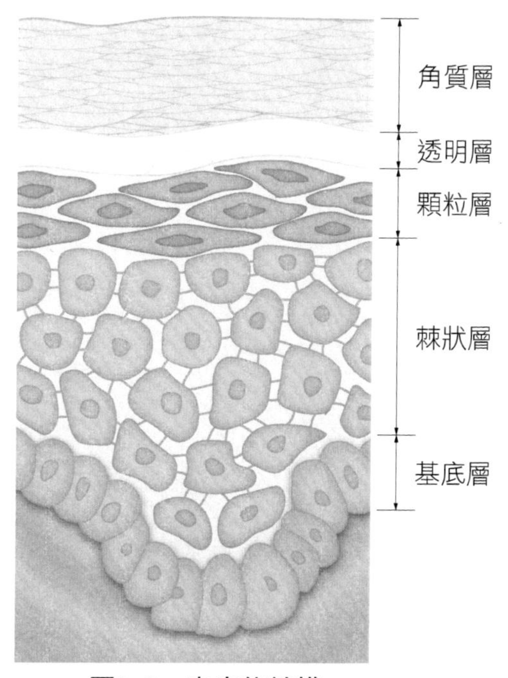

• 圖1-2　表皮的結構

1. 基底層(Basal cell layer)

為表皮的最深層，是皮膚組織最重要一層，內含有黑色素的細胞，而人體的膚色主要是由黑色素(Melanin)、胡蘿蔔素(Carotene)及血紅素(Hemoglobin)三種色素所組成，皮膚曝曬在太陽底下越久，黑色素及黑色素含量就會增加，血紅素的吸收就會減少，皮膚就會偏黑，而皮膚變黃則由胡蘿蔔素所造成，尤其在男性身上較為明顯，因此，基底層對於皮膚外觀的健康及膚色色澤形成最為重要，血紅素會使皮膚潮紅，皮膚血液循環運作不正常，血紅素不足，皮膚就會蒼白。

美容保健小常識

當人體色素無法正常分泌與運作時，皮膚外觀就會產生白化(Albinism)現象，屬於天生遺傳性疾病，造成原因為自身缺乏並無法製造黑色素，所以在毛髮及皮膚外觀上呈現較一般人不同。

2. 有棘層(Stratum Spirosum)

有棘層又稱棘狀細胞（有棘細胞）占表皮的大部分，為表皮當中最厚的一層。由數層至十層的細胞排成行列，此層可以隨著表皮突起的形狀，隨時矯正基底層的波形，促使與皮膚的表面呈平行狀態；細胞與細胞之間有很多棘橋，是淋巴液流動的通道，可供給表皮所需之營養，故若將此切斷，細胞將會邁入死亡。

3. 顆粒層(Stratum Granulosum)

顆粒層的細胞是含有顆粒的細胞，介於棘狀層之上，角質層之下，呈紡錘形，由有棘層、基底層細胞形成，內含有角質層及透明質顆粒。

4. 透明層(Stratum Lucidum)

透明層在人體中，只有手掌皮膚、腳掌皮膚可見之外，其餘各部位的皮膚並沒透明層的存在，也因具有透明角質顆粒，所以稱之。

5. 角質層(Stratum Corneum)

角質層又稱分離層，其厚度約為皮膚0.02~0.03cm，為表皮最外層，正常角質新陳代謝且形成剝落大約28天，當皮膚表面產生間隙，角質層就會慢慢隨著間隙而剝落。

（二）真皮層 (Dermis)

真皮層分為乳頭層和網狀層兩種，依序說明如下：

1. 乳頭層

乳頭層(Papillary Layer)在表皮底下含有彈性組織的細小圓錐狀突出物，其位於真皮的上層，使表皮和真皮緊密結合，在真皮組織中，屬於保水度最多的地方。

2. 網狀層

網狀層(Reticular Layer)，由彈力纖維、膠原纖維、肌肉纖維所組成網狀結構，而構成中間產物的有糖蛋白、膠原蛋白、彈力蛋白、多醣體等，可使皮膚保持青春與光澤。

（三）皮下組織 (Subcutaneous Tissue)

皮下組織為皮膚最下層，內含大量脂肪細胞，能供給能量或儲存能量，同時也跟身體曲線有密切關係。當皮下脂肪較少的地方，肌肉跟骨頭的形狀外觀上就會顯得明顯，因此皮下脂肪可有效保護皮膚不易受傷，同時也可以保護骨骼和肌肉形成保護組織。

（四）皮膚附屬器官

在皮膚的構造中含有許多附屬器官（如毛髮、指甲、腺體等）對人體皮膚皆有保護的功能，依序說明如下：

1. 毛髮

屬硬角質素之角質細胞，毛球前端有凹下為毛乳頭，內含血管、神經、毛母細胞等。具有保暖、預防紫外線傷害或作為毒物診斷用。

2. 指甲

通常指甲我們也稱作指甲版(nail plate)，不具有細胞活性。指甲是由薄板狀的角質化細胞連接成，具有保護、美觀或抓握物品之功能，正常健康的指甲顏色呈現為粉紅色。

3. 皮脂腺

除手掌和腳掌不具皮脂腺外，其餘地方皆有皮脂腺存在。皮脂腺的分泌會受人體荷爾蒙及外在因素所影響。其主要功能為防止皮膚水分散失，保護皮膚，以及緩衝外來物質所造成的傷害。皮脂腺的大小、型態、密度皆會隨個人而有所不同，其中又以頭皮皮脂腺最多，臉部（T字）次之，身體四肢最少。

4. 皮脂膜

由皮脂與汗液於皮膚表面混合而成，而產生弱酸性在人體皮膚中形成一層保護膜，可有效抑制皮膚表面細菌的繁殖。

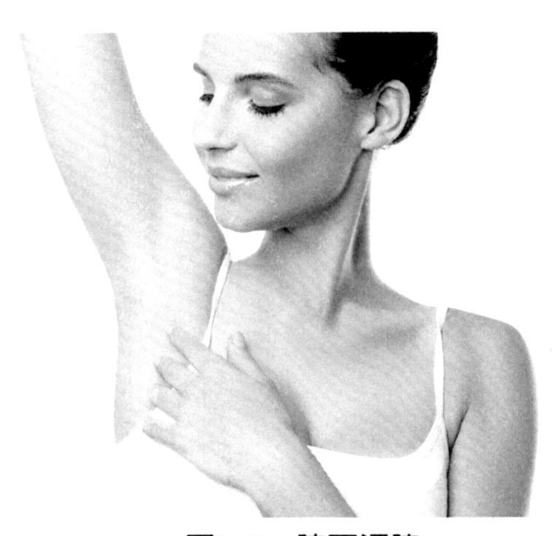

● 圖1-3　腋下汗腺

5. 汗腺

位於真皮層內。其主要功能可藉由身體所產生的熱，隨之達到平衡狀態，稱之恆溫狀態，能有效保護我們人體因運動發熱對皮膚所造成的影響。依汗腺種類可分為以下幾種：

(1) 艾克蓮汗腺

艾克蓮汗腺(Eccrine sweat glands)又稱為小汗腺，位於真皮層或皮下組織的地方，通常受自主神經所支配，大多分布在手掌、腳底及腋下最多。

(2) 阿波克蓮汗腺

阿波克蓮汗腺(Apocrine sweat glands)又稱大汗腺或頂漿汗腺，分泌出的汗液pH值呈現弱酸性，所以容易導致細菌的感染，汗腺分泌汗液具有調節體溫之功能，能形成酸脂膜而保護皮膚及抑制細菌的侵入，通常大汗腺大多分布在腋下、乳頭、肚臍周圍、會陰、生殖器、肛門等部位。

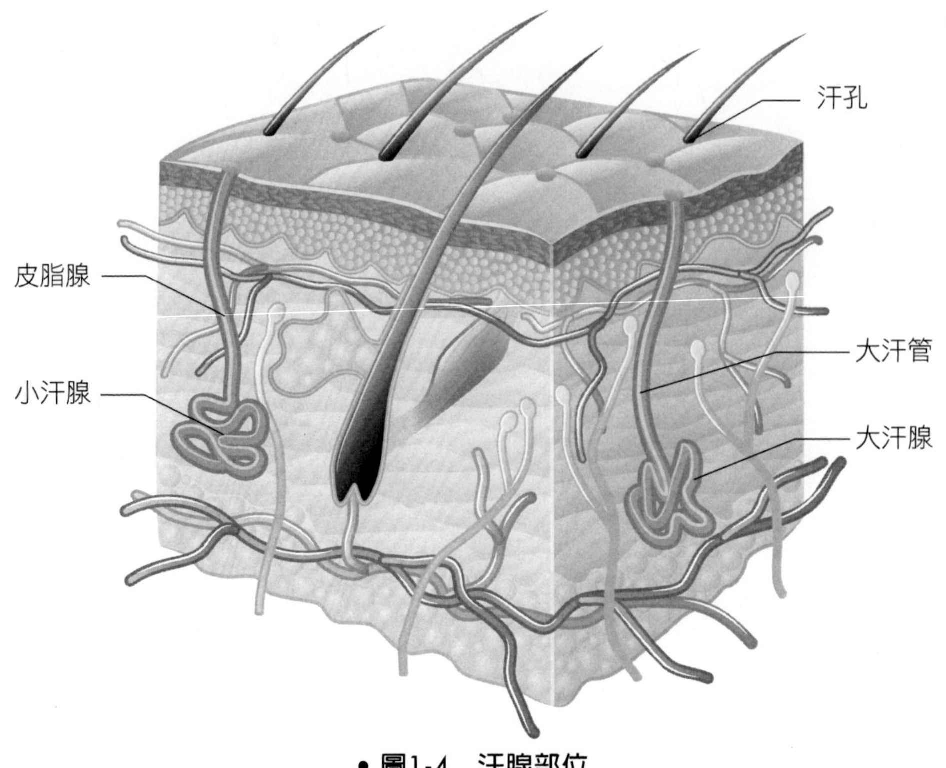

• 圖1-4　汗腺部位

MEMO

本章作業

是非題

1. (　) 皮膚由內到外分為：基底層、顆粒層、有棘層、透明層、角質層。
2. (　) 皮膚中的角質層，長期與空氣接觸，容易變得乾燥，適時補充含有胺基酸的天然保濕因子(NMF)是相當重要的。
3. (　) 皮膚的生理功能有，保護、呼吸、吸收、排泄、免疫、保濕、調節、感覺、等功能。
4. (　) 皮膚中有大量水分子，越占人體水分80%左右。
5. (　) 呼吸作用又叫物理氧化。
6. (　) 人體的膚色主要是由黑色素、胡蘿蔔素、血紅素所組成。
7. (　) 真皮層含大量脂肪細胞，能供給能量或儲存能量。
8. (　) 指甲又稱指甲板，具有細胞活性。
9. (　) 透明層在人體中，除了手掌、足部沒有之外，其餘各部位的皮膚都可見透明層的存在。
10. (　) 角質層又稱分離層，其厚度約為皮膚0.02~0.03cm。

選擇題

1. (　) 可以有效避免有害輻射、物理或化學環境汙染的生理功能為？ (A)保護作用 (B)呼吸作用 (C)排泄作用 (D)免疫作用。
2. (　) 巴齊尼氏小體是掌管什麼感覺系統？ (A)痛覺 (B)觸覺 (C)冷覺 (D)壓覺。
3. (　) 皮膚中哪一層為表皮最厚的一層？ (A)顆粒層 (B)有棘層 (C)角質層 (D)透明層。
4. (　) 艾克蓮汗腺又稱？ (A)小汗腺 (B)大汗腺 (C)頂漿汗腺 (D)中汗腺。
5. (　) 小汗腺大多分布在？ (A)手掌 (B)腳底 (C)腋下 (D)以上皆是。

6.（　）正常角質新陳代謝且形成剝落大約？ (A)28週 (B)28小時 (C)28天 (D)28秒。

7.（　）a.基底層、b.透明層、c.角質層、d.有棘層、e.顆粒層由外到內順序為？ (A)acdbe (B)adebc (C)cbeda (D)cebda。

8.（　）具有防止細菌入侵的功能為？ (A)吸收作用 (B)免疫作用 (C)排泄作用 (D)保護作用。

9.（　）皮膚附屬器官有？ (A)指甲 (B)毛髮 (C)腺體 (D)以上皆是。

問答題

1. 皮膚的生理功能有哪些？
2. 皮膚中的表皮層由內而外可分為哪幾層？
3. 皮膚之附屬器官有哪些？

認識皮膚的種類與保養

張嘉苓 編著

一、皮膚的種類

二、各種類型皮膚保養步驟

三、保養建議事項

一、皮膚的種類

隨著季節的變化、年齡的增長、外在環境、飲食起居、荷爾蒙改變等問題，都是造成皮膚產生問題的主要關鍵。因此，我們要了解不同皮膚的種類，才能有效且正確的保養皮膚，以下為皮膚的不同種類與特性說明：

(一) 正常皮膚 (Normal Skin)

正常皮膚又稱中性皮膚，中性皮膚不油不膩又濕潤，皮脂與水分平衡，臉部油脂分泌量與水分分泌比例適當，皮膚光滑、細緻緊實、毛孔細小、臉部不易有任何瑕疵，上妝後也不易有脫妝的現象，屬於最理想的皮膚性質。

• 圖2-1　要了解不同皮膚的種類，才能有效且正確的保養皮膚

(二) 油性皮膚 (Oil Skin)

大部分油性膚質都來自於遺傳或天生體質，油性皮膚油脂分泌特別旺盛，皮膚容易泛油光，毛孔較大，容易生暗瘡和粉刺。產生的原因，主要是皮脂腺和汗腺分泌旺盛所造成，鼻頭兩側也容易因油質氧化而產生黑頭粉刺等現象。

（三）乾性皮膚 (Dry Skin)

乾性皮膚的產生，大多數來自於後天環境所造成，主要原因為皮脂腺分泌不足、水分含量過低所導致，由於皮脂與水分不足，所以皮膚表面容易產生乾燥現象，當洗完臉後皮膚感覺緊繃，就屬於此種皮膚類型，通常乾性肌膚保養不當，皮膚就會形成老化現象，肌膚也容易因乾燥而產生紅腫、搔癢或脫皮等現象。

（四）混合性皮膚 (Combination Skin)

混合性皮膚屬最常見的皮膚類型，皮膚類型屬於偏油又偏乾的現象，主要原因為皮脂較多與水分不足所產生，在額頭、鼻子、下巴等T字部位常見，皮膚外觀屬於毛孔粗大、較易出油，容易產生粉刺、面皰及青春痘等現象。

由於環境及生理因素，而導致皮脂分泌不平衡，屬於不穩定的膚質，若T字部位以外的皮膚呈正常皮膚狀態，則稱為「中性混合性皮膚」；若T字部位以外的皮膚呈乾性皮膚狀態，則稱為「乾性混合性皮膚」，是現代人常見的肌膚類型。

（五）敏感性皮膚 (Sensitivity Skin)

敏感性皮膚通常分為暫時性敏感及體質性敏感兩種，「暫時性敏感」，通常是環境汙染、外在壓力或內分泌失調所造成；「體質性敏感肌膚」則為對某物質或其他過敏原所產生過敏反應。

• 圖2-2　皮膚的保養要選擇適當產品

此肌膚外觀呈現表皮較薄，微血管擴張明顯、臉頰易發紅充血，也會因為季節變化而造成皮膚紅、癢等現象。通常這類皮膚容易對外界物質產生紅疹、發癢、發炎、脫皮且有刺痛感，皮膚感受力較為敏銳，所以在化妝保養品的選用上宜慎選，才能減少化學物質對皮膚產生刺激與傷害性。

二、各種類型皮膚保養步驟

（一）正常肌膚

1. 日間保養步驟

2. 夜間保養步驟

3. 注意事項

霜類產品最後塗抹，濃妝宜用卸妝油（卸妝能力較強），可有效去除臉部彩妝；淡妝宜選用卸妝乳（卸妝能力較卸妝油弱），但兩者都可有效清除臉部汙垢，就算不化妝，也可用卸妝乳，可有效卸除臉上汙物，有效清潔毛乳。

美容保健小常識

一般保養品型態可分兩種：(1)O/W型；(2)W/O型。O/W型油相含量少，水相含量多，使用時清爽較不油膩。W/O型水相含量少，油相含量多使用後較具黏膩感，但滋養度相當高。正常肌膚類型的膚質在產品選用上不受限。

（二）油性肌膚

1. 日間保養步驟

2. 夜間保養步驟

3. 注意事項

選用含水量較高的產品，較為清爽。因此油性肌膚，可選用含水量較高的產品如：清爽型洗面乳、清爽型化妝水、清爽型乳液、清爽型面膜（可達深層清潔作用）。

● **圖2-3　注意皮膚清潔，洗臉時，勿過度搓揉擠壓**

（三）乾性肌膚

1. 日間保養步驟

2. 夜間保養步驟

● 圖2-4　乾性肌膚可選用滋養保濕型的面膜

3. 注意事項

選用含油質性高的產品，較為滋養，因此乾性肌膚，可選用含油質成分較高的產品如：滋潤型洗面乳、滋養保濕型面膜、滋潤型化妝水、滋養型乳液、滋養型面霜…等。

（四）混合性肌膚

1. 日間保養步驟

2. 夜間保養步驟

3. 注意事項

(1) 中性混合性膚質：以中性皮膚保養為主（使用一般型保養品），臉部「T字部位」使用控油產品，調節油脂平衡。

(2) 乾性混合性膚質：以乾性皮膚保養為主（使用滋養型保養品），臉部「T字部位」使用控油產品，調節油脂平衡。

（五）敏感性肌膚

1. 日間保養步驟

2. 夜間保養步驟

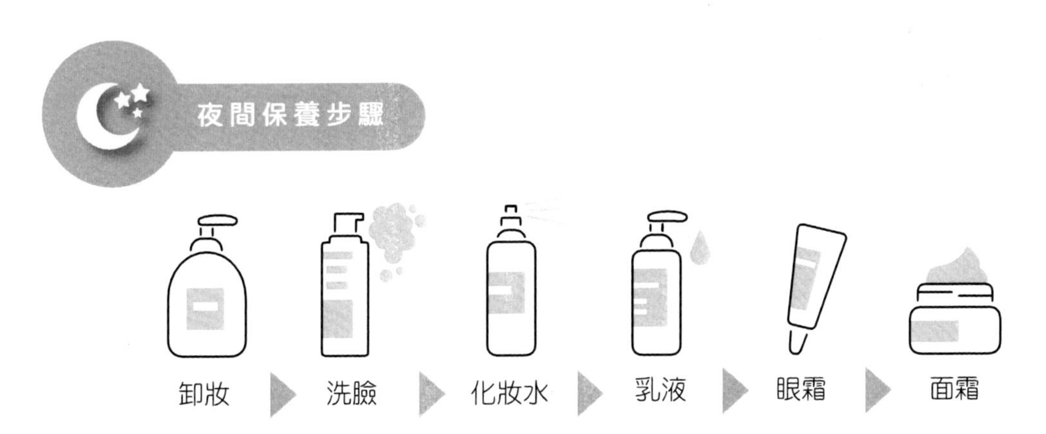

3. 注意事項

宜選用抗敏感專用產品，選擇產品時可先試用在手腕或耳後頸部試用，確認無過敏反應才可使用或洽詢皮膚科及美容專業人士。

美容保健小常識

- 中性皮膚性質：健康的理想皮膚呈現弱酸性，皮膚油脂和水分的分泌平衡、毛孔細小，皮膚細緻有彈性。
- 油性皮膚性質：T字部位較油，毛孔粗大，有粉刺，長痘痘或額頭有粉刺或痘痘，兩頰毛孔粗大（有粉刺或長面皰）。
- 乾性皮膚性質：皮脂分泌量少，臉頰乾燥、緊繃，毛孔細小而不明顯、易產生皺紋或出現脫屑狀態，皮膚缺乏彈性，肌膚無光澤。
- 混合性皮膚性質：T字部位較油，毛孔粗大，有粉刺或痘痘，兩頰偏乾（眼周偏乾、有細紋）
- 敏感性皮膚性質：皮膚容易過敏，皮膚障壁薄也較脆弱，容易水分流失，搔癢、乾燥、發紅、刺痛和灼熱感，表皮肌膚pH值呈現中性，非健康肌膚的弱酸性。
- T字部位包含：額頭、鼻子及下巴，宜多注意清潔，並使用清爽型或收斂型產品。

(六)老化皮膚

隨著年齡老化，生理機能衰退，人類一旦過了青春期，肌膚就會開始老化，皮膚也會逐漸萎縮失去彈性，形成皺紋。肌膚的老化首先會出現在最易為人所看到的臉部，而臉部的老化起始於眼睛周圍的肌膚，因為皮膚最薄而且眼輪匝肌活動最為頻繁豐富。

1. 皮膚老化的原因

皮膚老化的原因分為兩大種：一種是內源性的老化另一種則是外源性的老化。

(1) 內源性的老化

通常指的是自然的老化；內源性的老化會隨著年齡的增加，細胞的代謝以及機能產生退化，肌膚的生命期因此縮短，皮膚變薄、皮下脂肪萎縮、臉頰出現凹陷鬆弛、汗腺、皮脂腺的生理功能退化使得皮膚失去光澤及微血管的血液循環變慢膚色看起來蒼白、蠟黃，因此，內源性老化主要跟基因遺傳有關，所以每個人的老化速度不同。

• **圖2-5　針對自己的膚質，選擇正確的保養步驟，讓皮膚健康漂亮**

(2) 外源性的老化

通常由自由基所引起的老化或光化性老化（又稱光損害）所引起。外源性的老化主要原因包含外在環境的汙染、有害物質、吸菸，以及紫外線所造成的皮膚老化。

2. 老化外觀特徵及原因

我們將老化所呈現的外觀特徵及原因歸納為以下幾點：

(1) 皮膚乾燥及粗糙、暗沉、無光澤度

當角質細胞代謝緩慢，皮膚表面就會顯得粗糙不光滑，臉部毛孔粗大、黯淡無光澤，在觸摸皮膚時，會有粗糙不平的感覺。

(2) 皮膚鬆弛、皺紋、眼袋

年齡的老化造成肌膚彈性纖維及膠原蛋白的減少，造成皮膚張力下降，由於皮膚的細胞週期縮短，真皮組織與皮下脂肪萎縮，所以皮膚出現鬆垮下垂的現

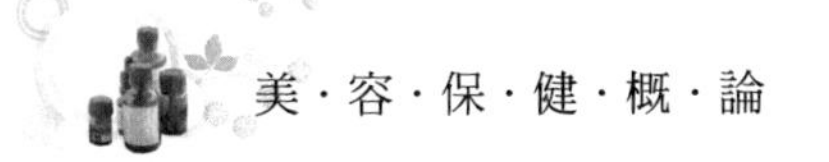

象，例如：下眼皮眼袋產生、臉部肌膚鬆弛下垂、兩顎以及頸部鬆弛下垂，形成多下巴和頸部的皺紋。

(3) 黑斑、老人斑

皮膚經紫外線照射，容易產生黑斑、曬斑、顴骨斑，主要發生在顏面、手背等處居多，依日光曝曬的地方而形成大大小小的褐色斑點。另外，也有可能會因為黑色素細胞退化，表皮細胞不正常的角化，會產生脂漏性角化症或俗稱的老人斑。

3. 建議保養事項

(1) 加強保養工作，提高肌膚保濕與滋養度。

(2) 適度運動，生活作息正常，勿熬夜。

(3) 做好防曬工作，避免過度照射紫外線。

(4) 多吃含膠質成分的食物（如：豬腳、魚皮）。

(5) 多補充酵素、維他命E、抗氧化食物及新鮮蔬果。

(6) 心情保持愉快，可延緩肌膚提早老化。

(7) 可適度按摩肌膚，延緩皺紋產生。

三、保養建議事項

（一）內在方面

1. 飲食與生活作息正常，勿熬夜及吸菸。

2. 均衡飲食，少吃辛辣、刺激性的食物。

3. 睡眠充足（約睡足8小時），生活規律。

4. 每週適當運動如慢跑、游泳、打球等。

5. 多吃新鮮蔬果及適當補充水分。

6. 多補充含膠原蛋白、維生素A、C、E、B_1、B_2、B_6、葉酸、菸鹼酸及泛酸等食物。

• 圖2-6　多吃新鮮蔬果，從內在保養皮膚

（二）外在方面

1. 洗臉時，勿過度搓揉擠壓。
2. 避免紫外線照射，防曬品可選擇物理性防曬較為溫和。
3. 盡量選用天然無刺激性成分的化妝保養品。
4. 盡量避免不乾淨的雙手觸碰臉部肌膚。
5. 保養品應選擇無色、無味、無香精香料的產品。
6. 注意皮膚清潔。
7. 適當保養肌膚。（如：按摩，敷面加強肌膚保濕與彈性）

MEMO

本章作業

是非題

1. ( ) 敏感性皮膚通常分為暫時性敏感與體質性敏感。

2. ( ) 油性皮膚油質分泌旺盛，容易泛油光，毛孔較小，容易生暗瘡和粉刺。

3. ( ) 混合性皮膚為最理想的皮膚性質。

4. ( ) 油性肌膚保養應選用含水量較高的產品，較為清爽。

5. ( ) 敏感性肌膚選擇保養品時可以先試用在手掌或耳後頸部，確認無過敏反應才使用。

6. ( ) 皮膚老化的原因分為內源性及外源性。

7. ( ) 內源性老化通常由自由基所引起，或光化性老化所引起。

8. ( ) 老化外觀的特徵有皮膚乾燥粗糙、緊緻、皺紋等。

9. ( ) 皮膚內在保養的建議事項有，多吃蔬果、適當運動、少吃刺激性食物、生活規律等。

10. ( ) T字部位包含：額頭、鼻子、臉頰、下巴。

選擇題

1. ( ) 皮膚容易泛光，毛孔粗大，容易生暗瘡和粉刺是何種皮膚？ (A)乾性皮膚 (B)油性皮膚 (C)敏感性皮膚 (D)混合性皮膚

2. ( ) 屬於偏油又偏乾的皮膚為何？ (A)乾性皮膚 (B)油性皮膚 (C)敏感性皮膚 (D)混合性皮膚

3. ( ) 正常肌膚的日間保養順序為？ a.洗臉、b.化妝水、c.乳液、d.防曬霜、e.隔離霜、f.眼霜 (A)abcdef (B)bacdfe (C)abcfed (D)eadcfb

4. ( ) 何種皮膚需選用含油性較高的產品？ (A)乾性皮膚 (B)油性皮膚 (C)敏感性皮膚 (D)混合性皮膚

5. ( ) 皮膚老化的特徵有？ (A)鬆弛 (B)暗沉 (C)黑斑、老人斑 (D)以上皆是

6.（　）何者不是外在皮膚保養的建議事項？ (A)勿過度搓揉擠壓 (B)注意皮膚清潔(C)選用添加物較多的保養品 (D)適當保養肌膚

7.（　）T字部位不包含？ (A)下巴 (B)鼻子 (C)臉頰 (D)額頭

8.（　）一般保養品型態可分為？ (A)O/W與W/O (B)O/V與V/O (C) C/V與V/C (D)W/C與C/W

9.（　）何者皮膚不油不膩，皮膚光滑、細緻緊實？ (A)中性皮膚 (B)油性皮膚 (C)敏感性皮膚 (D)混合性皮膚

10.（　）何種皮膚的夜間保養需卸妝？ (A)乾性皮膚 (B)油性皮膚 (C)敏感性皮膚 (D)每種膚質皆需要

問答題

1. 皮膚種類有哪些？

2. 各種皮膚類型的差異？

認識異常皮膚與保養

張嘉苓 編著

一、粉刺皮膚

二、面皰皮膚

三、黑斑皮膚

四、雀斑皮膚

五、黑眼圈皮膚

六、日曬後皮膚

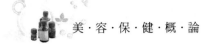

皮膚要好，生活作息就要規律，當身體出現狀況時，皮膚就會產生異常現象，如：粉刺、面皰、黑斑、雀斑、黑眼圈、老化及日曬後所產生紅腫發紅等皮膚現象，因此，皮膚的保養與處理相當重要。本章說明異常皮膚的種類與特性，並建議保養方法。

一、粉刺皮膚

粉刺由皮脂腺阻塞所造成，當皮脂腺分泌油脂過多時，過多的油脂則會依附在毛細孔中，如果毛細孔與空氣接觸時，皮膚會產生氧化現象，皮脂在管道造成毛囊阻塞，壓擠時會有條狀粉刺溢出，就會形成粉刺，當皮膚毛細孔變小，就不易產生粉刺，越容易出油的地方越容易產生粉刺。另一種則是角質層厚重而導致毛孔阻塞，此類型的粉刺大多會出現在背部、手臂、肩部，如：許多的男性在背部上容易出現痘痘和粉刺；其中最常見的粉刺分為白頭粉刺和黑頭粉刺。

（一）白頭粉刺

毛囊開口處呈閉鎖狀，角質厚重，皮脂分泌旺盛，角質結構較鬆散，細菌量高，容易因擠壓而感染發炎，而導致發炎性的青春痘及丘疹，因為白頭粉刺本身沒有開口，當皮脂阻塞物受角質封閉時，皮脂囊內就會無法接觸空氣而保持原來白色。

（二）黑頭粉刺

屬於開放性粉刺，皮膚表面呈現酸化（氧化），當皮脂阻塞物在毛孔開口與空氣結合時，就會產生黑頭現象，因黑頭粉刺的毛囊上端有開口，所以皮脂、角質老廢細胞容易從開口排出，因此不容易造成毛囊阻塞及青春痘產生。

（三）建議保養事項

1. 盡量避免不乾淨的手觸碰臉頰。
2. 定期去除老廢角質層。
3. 宜注意兩頰、T字部位及下巴的清潔。
4. 不可任意擠壓肌膚。

二、面皰皮膚

面皰在醫學上稱為尋常性痤瘡，當分泌物形成堆積並阻塞在皮脂腺的出口，如：灰塵、其他汙物的沾黏而使毛孔堵塞，皮脂無法順利排出；若外在清潔不當而使細菌侵入毛囊，刺激周圍的皮脂組織引起輕度的發炎，就會產生面皰，目前面皰的形成原因很多種，如：生理期、青春期、壓力、失眠或肌膚油脂分泌旺盛造成毛囊阻塞…等，都是產生面皰的主要來源。

面皰形成過程：首先先產生粉刺→丘疹形成→開始產生面皰→發炎後開始導致膿皰現象→產生囊腫→最後形成硬塊。

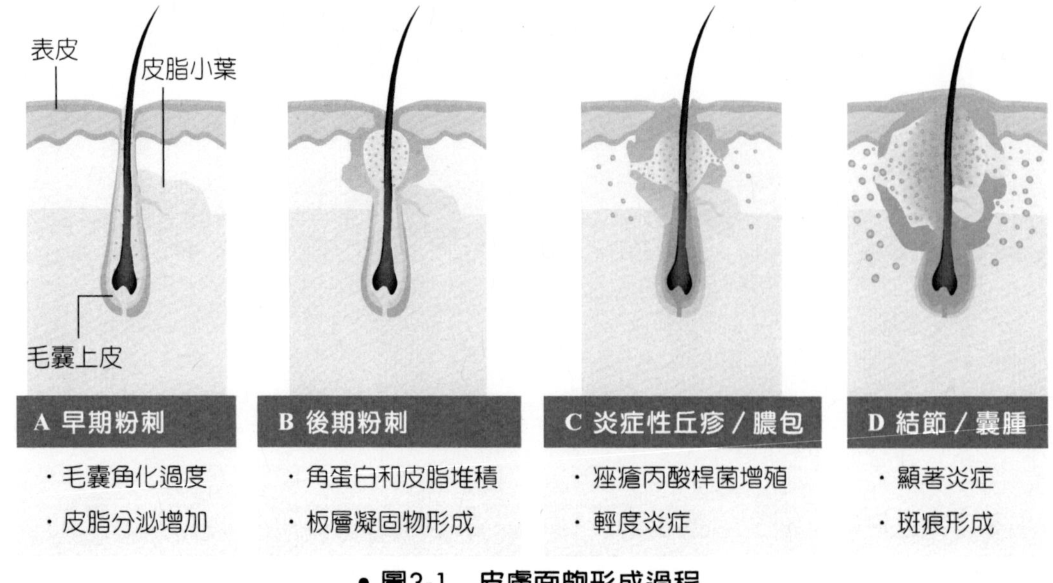

● 圖3-1　皮膚面皰形成過程

（一）依面皰的種類區分

1. 丘疹

又稱濕疹面皰，由於油脂不斷堆積，導致粉刺無法負荷時，血管就會破裂發炎，造成細菌感染，所以容易有充血膨脹、疼痛等現象。

2. 膿皰

當阻塞物感染細菌，引發毛囊破裂，阻塞物溢出成為膿，此面皰如治療不當就會會留下凹痕。

3. 暗瘡型面皰

當粉刺形成，產生發炎現象，就會被角質層所包住，因而形成結節或膿囊現象。

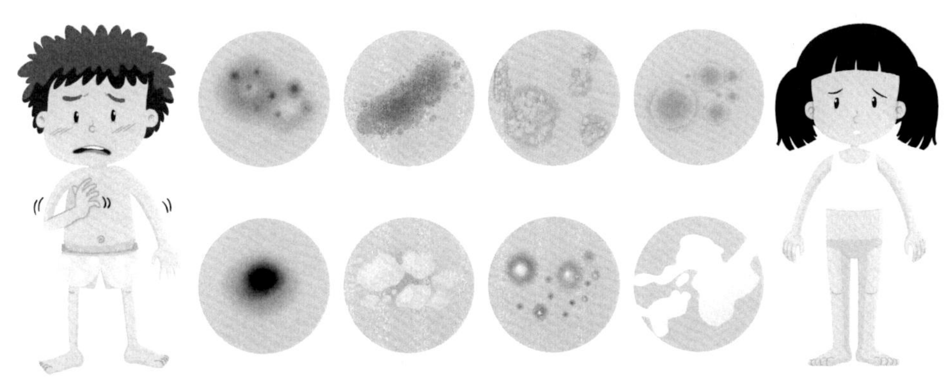

• 圖3-2 粉刺形成過程

（二）建議保養事項

1. 盡量避免不乾淨的手觸碰臉頰。
2. 注重臉部清潔。
3. 勿用手去擠壓肌膚。
4. 可洽詢皮膚科醫生。
5. 睡眠充足（需睡足8小時）、盡量避免熬夜。
6. 盡量避免吃油炸及刺激性食物。
7. 養成良好的生活作息，不吸菸不喝酒。

三、黑斑皮膚

黑斑又名肝斑，因黑斑的顏色像肝臟的顏色而稱之，並不是肝功能不好或肝臟病變而導致。肝臟具有內分泌代謝的功能，慢性肝炎患者會有內分泌方面的障礙，若肝臟受所損也易形成色素沈著。婦女在妊娠初期也會出現此現象，主要是內分泌改變所導致。

• 圖3-3　黑斑皮膚

（一）黑斑的產生的因素

1. 紫外線傷害

當肌膚照射到紫外線UVA（波長 320~400 nm）和UVB（波長280~320nm）時，肌膚表皮內的基底層黑色素細胞就會受到刺激，會製造出麥拉寧色素，膚色產生色素，是形成黑斑的最大原因。為了避免麥拉寧色素產生，就要減少紫外線的照射，加強防曬。

2. 體內賀爾蒙的影響

肝臟具有內分泌代謝的功能，若肝有損壞，也會形成色素沉澱。生理期前兩星期的「黃體期」最易長黑斑。如果不想長黑斑，就要避免在黃體期照射陽光。婦女妊娠初期也會因為內分泌改變，而出現黑斑現象。

美容保健小常識

避孕藥是以人工合成方式製造黃體素，因此服用避孕藥也容易產生黑斑現象。

3. 壓力造成

壓力會影響新陳代謝的作用，導致內分泌失調，當壓力來時，自律神經就會失調，血液循環也會變差，肌膚的新陳代謝也跟著受影響，易導致麥拉寧色素沉澱而形

成黑斑。長期的壓力和睡眠不足、暴飲暴食都會使皮脂分泌失控，皮膚容易出油，痘子就跑出來，發炎後的色素沈澱便形成黑斑；然而壓力也會影響賀爾蒙的分泌而長出黑斑或使色斑顏色變更深。

4. 不適當的化妝品或使用不當所引起

使用保養品或化妝品時，若使用不當或過度擠壓摩擦（如：打粉底時，使用粉撲長期在臉上過度搓揉或過度使用去角質、磨砂膏或使用到含汞的產品等）都可能造成黑斑的產生。所以為了要擁有一張漂亮的肌膚，必須要懂得正確的保養觀念，否則容易傷害肌膚，使色素沉澱，長出黑斑。

5. 飲食不當所造成

飲食含有重金屬食物或服用某些藥物，都容易形成斑點。此外，如攝取大量芹菜、香菜、九層塔或柑橘類水果等感光性食物後，經由紫外線照射，會加速刺激體內黑色素的生成，肌膚就會形成斑點，請勿食用過多。

6. 年齡的增加所產生

年齡隨之增長，肌膚的新陳代謝就會變差，角質變厚，黑色素自然就堆積，老化的現象就會越來越明顯，肌膚在外觀的呈現上就會產生蠟黃、暗沉、無光澤感、皺紋、斑點，如果斑點不處理，就會越來越深，最後形成黑斑。

（二）建議保養事項

1. 避免長期或直接曝曬在陽光底下。
2. 須塗抹含SPF或PA的防曬產品。
3. 出門帶洋傘、遮陽帽或穿長袖的衣物。
4. 飲食清淡，盡量避免吃感光性食物。
5. 可多吃還含有維他命C及新鮮綠葉蔬菜的食物。
6. 可選用美白保濕相關系列產品。
7. 可洽詢醫學美容中心專業醫生。

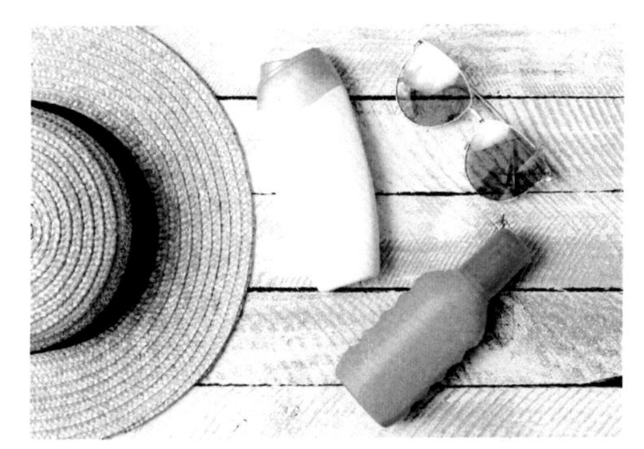

• 圖3-4　防曬品裝備

四、雀斑皮膚

是一種褐色的斑點，於臉部、雙眼到兩顎凸出的部分最易發生，它是種遺傳性的皮膚病，如荷爾蒙分泌異常、紫外線吸收過量，都是產生雀斑的主要因素，雀斑的產生以白種人最常見。保養的方法建議依照「黑斑」保養事項處理。

美容保健小常識

雀斑肌膚受到強烈陽光照射時，數量會增加，顏色變濃，又稱為夏日斑，所以要避免雀斑顏色加深，就要做好防曬工作。

五、黑眼圈皮膚

黑眼圈是由於熬夜、情緒起伏大、眼睛疲勞、眼部皮膚血管血流速度過於緩慢形成滯流；組織供氧不足，新陳代謝不良，血管中代謝廢物積累過多，造成眼部色素沉澱。年紀越大的人，眼睛周圍的皮下脂肪變得越薄，所以黑眼圈就更明顯。

(一) 黑眼圈的種類

1. 青色黑眼圈

主要導致原因為微血管的靜脈血液滯留及生活作息不正常所引起，從外表看來，皮膚呈現出暗藍色調。由於眼睛周圍較多微血管，如：睡眠不足、眼睛疲勞、壓力、貧血等因素，都會造成眼部周圍肌膚淤血及浮腫現象。

2. 茶色黑眼圈

主要導致原因為黑色素生成與代謝不完全所產生，與年齡增長有關，如果眼部周圍長期日曬造成色素沉澱，久而久之就會形成黑眼圈；另外，血液滯留也會造成黑色素代謝遲緩，肌膚過度乾燥，也會產生此黑眼圈現象。

美容保健小常識

黑眼圈產生的原因大不相同，通常在過敏體質最常見，主要還是跟遺傳有關，如眼部周圍血液淋巴循環差，睡眠不足、熬夜、疲勞、血液回流差，就會導致眼睛下方出現藍黑色的眼暈，甚至浮腫。

（二）建議保養事項

1. 加強眼睛周圍的血液循環系統。
2. 可使用眼霜於眼部稍微按摩。
3. 可用乾淨毛巾沾濕溫熱水稍微擠乾（輕輕搓揉眼皮，可有效改善眼睛浮腫及促進眼部血液循環系統，須注意水溫不可過熱，否則易傷害皮膚。）
4. 避免熬夜，生活作息正常。

六、日曬後皮膚

皮膚經日曬後會產生紅腫、熱痛、皮膚粗糙、脫皮、膚色變黑、變紅甚至產生皮膚癌等現象，因此，在照射紫外線前，應先做好防曬保護工作，以免造成肌膚傷害。

（一）紫外線種類

紫外線種類分為UVA（波長320~400nm）屬長波長、UVB（波長280~320nm）屬中波長及UVC（波長200~280nm）屬短波長三種。

1. 紫外線UVA（波長320~400nm）

主要是造成皮膚曬黑現象，紫外線中約有95%以上是UVA，波長屬長波長穿透力最強，對皮膚的傷害也最大，能量小，波長較長可達真皮層，不會產生肌膚灼熱感及皮膚灼傷，但經長期曝曬後，會導致麥拉寧色素增加，使皮膚變黑，同時也會造成膠原蛋白及彈性纖維變性，使皮膚產生皺紋、鬆弛、斑點及皮膚老化等現象，到達地表的量是UVB的100倍，可加強UVB對皮膚的傷害力。

2.紫外線UVB(波長280~320nm)

主要是引起皮膚即時曬傷現象，波長屬中波長，UVB波長較UVA波長短，但能量較大，作用在皮膚表面，易造成皮膚發紅及麥拉寧色素增加，呈現立即性反應，會讓皮膚曬傷、皮膚角質增厚、發炎、紅腫、脫皮等現象。曬紅及曬傷作用為UVA的1,000倍，紫外線UVB能量比UVA來的強但容易防護。

3. 紫外線UVC(波長200~280nm)

屬於短波長，能量較為UVA和UVB強，對皮膚傷害最大，由於大部分會被大氣層中的臭氧層所阻擋，僅只有極少量的能量會到達地面，但近年來大氣層中的臭氧層不斷的遭受破害，因此，UVC對人體的傷害也逐漸備受重視，嚴重會使人有致癌的風險。

(二)防曬係數(SPF)定義

$$\text{防曬係數}(SPF)=\frac{\text{使用防曬產品時紫外線引起皮膚}MED\text{所需之能量}}{\text{未使用防曬產品時紫外線引起皮膚}MED\text{所需之能量}}$$

美容保健小常識

SPF25的定義：

假設消費者在未使用防曬產品時受陽光曝曬20分鐘後即有紅腫反應，若使用SPF25的防曬產品，則可在陽光曝曬下500分鐘後，才會產生相同程度的紅腫。

(二)防曬係數(PA)定義

PA為：Protection UVA的縮寫，主要針對UVA的防曬能力為主。由日本化妝品工業聯合會制定，防護紫外線UVA的強弱以加號“+”來表示，加號“+”越多，防曬能力越強，防護能力最高為PA+++(3個+)，在日系的防曬產品上，都以PA來標示。

MEMO

本章作業

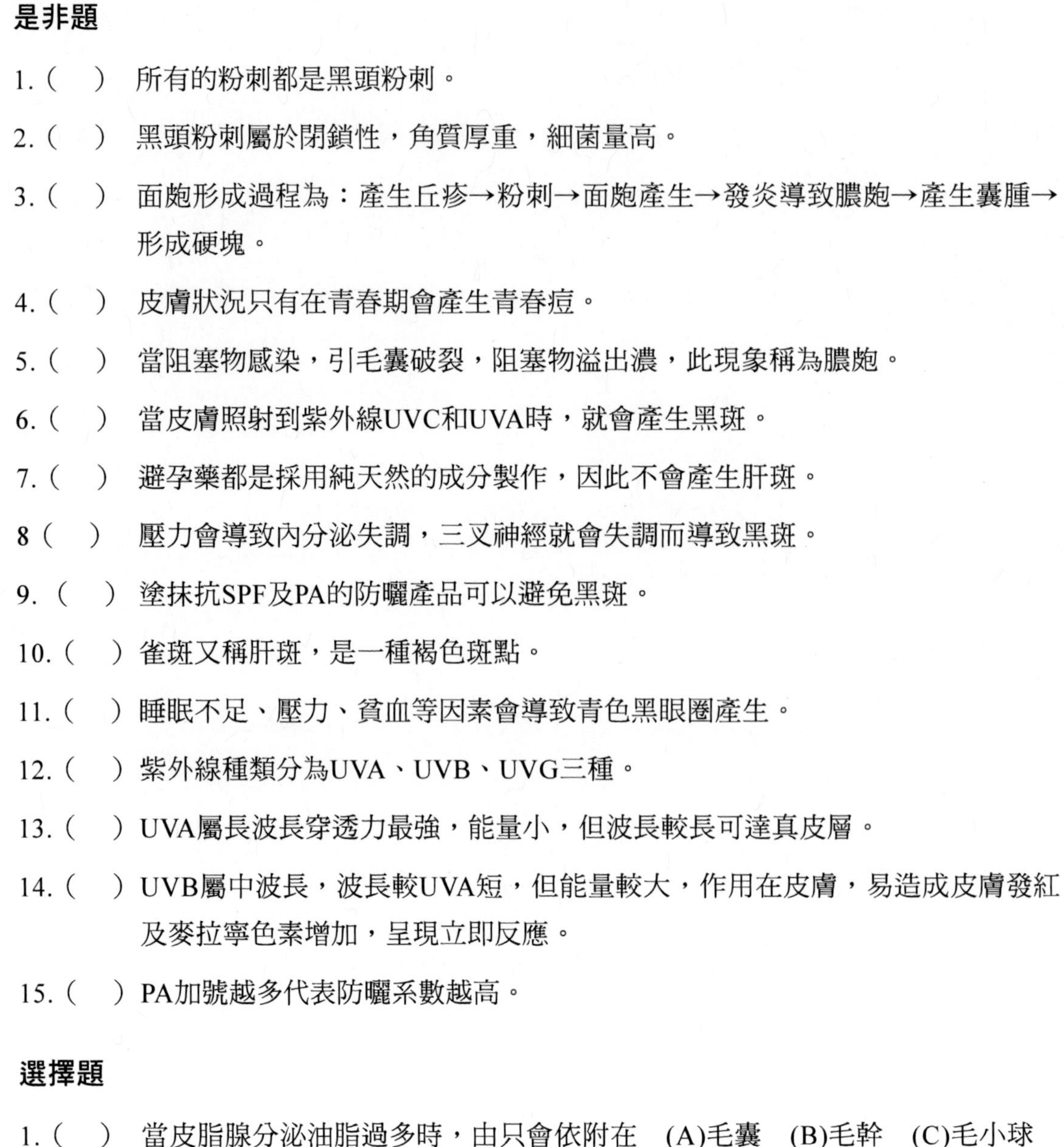

是非題

1.（　）所有的粉刺都是黑頭粉刺。

2.（　）黑頭粉刺屬於閉鎖性，角質厚重，細菌量高。

3.（　）面皰形成過程為：產生丘疹→粉刺→面皰產生→發炎導致膿皰→產生囊腫→形成硬塊。

4.（　）皮膚狀況只有在青春期會產生青春痘。

5.（　）當阻塞物感染，引毛囊破裂，阻塞物溢出濃，此現象稱為膿皰。

6.（　）當皮膚照射到紫外線UVC和UVA時，就會產生黑斑。

7.（　）避孕藥都是採用純天然的成分製作，因此不會產生肝斑。

8（　）壓力會導致內分泌失調，三叉神經就會失調而導致黑斑。

9.（　）塗抹抗SPF及PA的防曬產品可以避免黑斑。

10.（　）雀斑又稱肝斑，是一種褐色斑點。

11.（　）睡眠不足、壓力、貧血等因素會導致青色黑眼圈產生。

12.（　）紫外線種類分為UVA、UVB、UVG三種。

13.（　）UVA屬長波長穿透力最強，能量小，但波長較長可達真皮層。

14.（　）UVB屬中波長，波長較UVA短，但能量較大，作用在皮膚，易造成皮膚發紅及麥拉寧色素增加，呈現立即反應。

15.（　）PA加號越多代表防曬系數越高。

選擇題

1.（　）當皮脂腺分泌油脂過多時，由只會依附在　(A)毛囊　(B)毛幹　(C)毛小球　(D)毛細孔

2.（　）UVA波長屬於下列何種？　(A)320~400nm　(B)280~320nm　(C)200~280nm　(D)以上皆非

3.（　）哪一種面皰有充血膨脹現象還會疼痛？　(A)膿皰　(B)暗瘡　(C)丘疹　(D)以上皆非

4.（　）濕疹面皰又稱　(A)丘疹　(B)膿皰　(C)暗瘡　(D)以上皆非

5.（　）下列何時最容易長黑斑？　(A)生理期前兩星期　(B)生理期前兩小時　(C)生理期前兩天　(D)生理期前兩分鐘

6.（　）下列何者不是黑斑產生的原因？　(A)紫外線傷害　(B)壓力　(C)貧血　(D)服用避孕藥

7.（　）雀斑顏色為　(A)黑色　(B)灰色　(C)褐色　(D)紅色

8.（　）睡眠不足、眼睛疲勞、壓力會造成　(A)茶色黑眼圈　(B)青色黑眼圈　(C)黑色黑眼圈　(D)紅色黑眼圈

9.（　）年齡增長、眼部周圍長期日曬會產生　(A)茶色黑眼圈　(B)青色黑眼圈　(C)黑色黑眼圈　(D)紅色黑眼圈

10.（　）下列何者可以改善黑眼圈？　(A)加強眼部周圍血液循環　(B)使用眼霜按摩　(C)生活作息正常　(D)以上皆是

11.（　）皮膚經日曬後會產生　(A)紅腫脫皮　(B)皮膚癌　(C)皮膚粗糙　(D)以上皆是

12.（　）何種紫外線到達地表的量是UVB的100倍？　(A)UVB　(B)UVA　(C)UVC　(D)UVG

13.（　）何種紫外線會被臭氧層所吸收對人體無害？　(A)UVB　(B)UVA　(C)UVC　(D)UVG

14.（　）波長屬中波長，能量較大，作用在皮膚表面微何種紫外線？　(A)UVB　(B)UVA　(C)UVC　(D)UVG

15.（　）PA的防護能力最高為　(A)PA+++　(B)PA++　(C)PA+　(D)PA++++

問答題

1. 面皰形成的方式？
2. 何謂SPF及PA的定義？

化妝品種類與用途

張嘉苓 編著

一、化妝品的定義與分類

二、化妝品的使用目的與功能

一、化妝品的定義與分類

化妝品的定義，依據化粧品衛生管理條例第三條：「本條例所稱化妝品：係指施於人體外部，以潤澤髮膚、刺激嗅覺、掩視體臭或修飾容貌之物品。」由於化妝品種類繁多，分類不易，因此衛福部將化妝品細分為十四大類，屬於一般化妝品可免申請備查。」（表4-1）

表4-1 衛福部公告之化妝品範圍及種類表

種類	品目範圍
一、洗髮用化粧品類：	1. 洗髮精、洗髮乳、洗髮霜、洗髮凝膠、洗髮粉 2. 其他
二、洗臉卸粧用化粧品類：	1. 洗面乳、洗面霜、洗面凝膠、洗面泡沫、洗面粉 2. 卸粧油、卸粧乳、卸粧液 3. 其他
三、沐浴用化粧品類：	1. 沐浴油、沐浴乳、沐浴凝膠、沐浴泡沫、沐浴粉 2. 浴鹽 3. 其他
四、香皂類：	1. 香皂 2. 其他
五、頭髮用化粧品類：	1. 頭髮滋養液、護髮乳、護髮霜、護髮凝膠、護髮油 2. 造型噴霧、定型髮霜、髮膠、髮蠟、髮油 3. 潤髮劑 4. 髮表著色劑 5. 染髮劑 6. 脫色、脫染劑 7. 燙髮劑 8. 其他
六、化粧水／油／面霜乳液類：	1. 化粧水、化粧用油 2. 保養皮膚用乳液、乳霜、凝膠、油 3. 剃鬍水、剃鬍膏、剃鬍泡沫 4. 剃鬍後用化粧水、剃鬍後用面霜 5. 護手乳、護手霜、護手凝膠、護手油 6. 助曬乳、助曬霜、助曬凝膠、助曬油 7. 防曬乳、防曬霜、防曬凝膠、防曬油 8. 糊狀(泥膏狀)面膜 9. 面膜 10.其他

表4-1 衛福部公告之化妝品範圍及種類表（續）

種類	品目範圍
七、香氛用化粧品類：	1. 香水、香膏、香粉 2. 爽身粉 3. 腋臭防止劑 4. 其他
八、止汗制臭劑類：	1. 止汗劑 2. 制臭劑 3. 其他
九、唇用化粧品類：	1. 唇膏 2. 唇蜜、唇油 3. 唇膜 4. 其他
十、覆敷用化粧品類：	1. 粉底液、粉底霜 2. 粉膏、粉餅 3. 蜜粉 4. 臉部(不包含眼部)用彩粧品 5. 定粧定色粉、劑 6. 其他
十一、眼部用化粧品類：	1. 眼霜、眼膠 2. 眼影 3. 眼線 4. 眼部用卸粧油、眼部用卸粧乳 5. 眼膜 6. 睫毛膏 7. 眉筆、眉粉、眉膏、眉膠 8. 其他
十二、指甲用化粧品類：	1. 指甲油 2. 指甲油卸除液 3. 指甲用乳、指甲用霜 4. 其他
十三、美白牙齒類：	1. 牙齒美白劑 2. 牙齒美白牙膏
十四、非藥用牙膏、漱口水類：	1. 非藥用牙膏 2. 非藥用漱口水

資料來源：衛生福利部化粧品範圍及種類表108年5月28日衛授食字第1071610115號公告。

二、化妝品的使用目的與功能

將上述產品類別與品目歸類為五大項：清潔用化妝品、保養用化妝品、妝扮性化妝品、頭髮用化妝品及特殊目的用化妝品，並說明其使用目的及功能。

（一）清潔用化妝品

清潔、卸妝、促使肌膚潔淨。可清除皮膚表面汙染物質，使肌膚保持清爽。

1. 洗面乳：易起泡、洗淨力強，可選擇較溫和產品，較不易刺激皮膚。
2. 洗面皂：較溫和、洗淨力較香皂弱，但也不易刺激肌膚。
3. 敷面劑：促進新陳代謝，深層淨化毛孔，有效活化臉部肌膚。
4. 卸妝乳：較清爽、卸妝力較卸妝油差，可作為淡妝卸妝用。
5. 卸妝油：卸妝力較強，用來卸除濃妝使用，可有效卸除臉部較厚重的彩妝。
6. 眼唇卸妝液：可有效卸除眼部及唇部之色彩。

• 圖4-1　清潔產品

（二）保養用化妝品

保濕、滋潤、調理、淡化斑點、增加皮膚保水度及修復肌膚。

1. 化妝水：可分收斂型、柔軟、保濕、滋潤及清爽型。
   (1) 收斂化妝水：可平衡油脂，達到收斂毛孔作用，通常酒精含量較多。
   (2) 柔軟、保濕、滋潤及清爽化妝水：能補充肌膚水分，維持肌膚彈性與光澤。

2. 乳液：滋潤、保濕、增加肌膚保水度。

3. 美容液（精華液）：具有高機能性，修復及保濕效果高於化妝水及乳液。

4. 眼霜：修復眼部細紋，減少魚尾紋產生。

5. 面霜（日霜、晚霜）：保濕、滋潤、修復。

6. 面膜：美白、保濕、促進新陳代謝。

• 圖4-2　保養用化妝品

（三）妝扮性化妝品

美化、修飾、增加自信及提升個人魅力。

1. 粉底液：上妝效果較自然，可調整膚色，增加肌膚光澤。

2 粉底膏：上妝效果較厚重，可調整膚色，修飾力強，但容易阻塞毛孔。

3. 遮瑕膏：效果較厚重，適合臉部局部遮瑕，不適用於眼部周圍，長期使用容易產生細紋及肉芽現象。

• 圖4-3　化妝品能美化、修飾、增加自信及提升個人魅力

4. 蜜粉、蜜粉餅：有效定妝，使妝感更加持久，蜜粉餅較蜜粉使用方便。
5. 眉筆：增加眉毛立體度，修飾眉色。
6. 眼線液、眼線筆、眼線膠：調整眼型，增加眼部深邃度，使眼神更加明亮有神。初學者可選用眼線筆或眼線膠來使用。
7. 眼影：加強眼部魅力，調整眼型。
8. 睫毛膏：增加眼部魅力，使其看起來濃密捲翹。
9. 假睫毛：增加睫毛長度與密度，使眼神更具魅力。
10. 鼻影：增加鼻子立體度，提升五官深邃度。
11. 腮紅：增加氣色，修飾輪廓。
12. 口紅：滋養、潤色，增加氣色。
13. 修容餅：修飾輪廓，調整臉型。
14. 指甲油：美化、修飾，賦予女性韻味。

（四）頭髮用化妝品

修護秀髮、增加頭髮健康、塑造髮型、清潔。

1. 頭皮水：修復秀髮，增加頭皮健康。
2. 護髮霜（油）：滋潤秀髮，減少頭髮分岔。
3. 髮膠：使頭髮塑型，產品較傳統。
4. 髮蠟：黏性高，可用來局部塑造，男性塑髮最常見。
5. 定型液：黏性高，快速定型，有固定髮型作用。
6. 造型慕斯：具黏性，有固定髮型作用。
7. 潤絲精：滋養秀髮，抗靜電，使頭髮柔順好梳理。
8. 洗髮精：清洗秀髮，減少髮垢產生，使頭髮與頭皮清爽。

• 圖4-4　頭髮用化妝品

（五）身體用化妝品

清潔、促進代謝、豐胸、美化、燃燒脂肪、改善肌膚暗沉、增加身體香味。

1. 沐浴乳：清潔肌膚，保持肌膚清爽。
2. 沐浴球：泡澡使用。
3. 沐浴鹽：去除身體角質，促進肌膚代謝（身體有傷口時，應盡量避免使用）。
4. 脫毛臘：有效去除手毛或腿毛，具有美化作用。
5. 美體豐胸霜：促進胸部淋巴循環順暢，使胸部堅挺與結實。
6. 美體摩砂膏：有效去除身體老廢角質，改善肌膚暗沉，增加肌膚光澤，幫助皮膚能有效快速吸收保養品。
7. 美體瘦身霜：須配合按摩，可分解局部脂肪，使之燃燒更迅速。
8. 按摩霜：須配合按摩，可緩和肌膚緊繃，促進淋巴血液循環。
9. 香水：增加香氣與自信，提升個人魅力。
10. 精油：有療效，具機能性，有效改善身體狀況。
11. 身體乳液：滋潤、保濕、增加肌膚彈性與光澤。

• 圖4-5　身體用化妝品

（六）特殊目的用化妝品

美白、淡化黑色素、減少皺紋、美化肌膚、促進細胞增生與代謝、阻隔空氣汙染與預防紫外線傷害。

1. 美白（化妝水、乳液、精華液及面霜）：淡化黑色素，增加肌膚白晰亮麗。
2. 抗老化（乳液、精華液及面霜）：減少皺紋，修復肌膚及增加肌膚保水度。
3. 去角質霜：有效代謝肌膚老廢角質，促進細胞增生。
4. 隔離霜：潤色、隔離空氣汙染及紫外線傷害，如隔離霜本身具有防曬係數，可與防曬產品擇一選用即可。
5. 防曬霜：潤色、隔離空氣汙染及預防紫外線UVA及UVB的傷害。
6. 體臭劑：除臭，改善體味。可增加香氣，提升個人魅力。

• 圖4-6　選擇適當的產品，使皮膚清潔健康

• 圖4-7　使用工具去除身體角質，促進肌膚代謝

本章作業

是非題

1. ( ) 化妝品係指施於人體內部，以潤澤髮膚、刺激嗅覺、掩飾體臭或修飾容貌之物品。
2. ( ) 洗面霜為面霜乳液類。
3. ( ) 粉膏為香氛類。
4. ( ) 洗面乳較溫和，較不易刺激皮膚。
5. ( ) 卸妝油一般用來卸除濃妝。
6. ( ) 保養用化妝品有保濕、滋潤、淡化斑點、增加皮膚保水度及修飾肌膚之功效。
7. ( ) 粉底膏適合臉部局部遮瑕，不適合用於眼睛周圍。
8. ( ) 眼影及眼線筆都可調整眼型。
9. ( ) 粉底膏上妝效果比較自然，可調整膚色，增加肌膚光澤。
10. ( ) 美體瘦身霜無須按摩即可達到瘦身效果。
11. ( ) 沐浴鹽可以去除身體老廢角質，促進肌膚代謝。
12. ( ) 按摩霜須配合按摩，可分解局部脂肪，達到瘦身效果。
13. ( ) 精油具有療效及機能性，能有效改善身體狀況。
14. ( ) 抗老化乳液可以淡化黑色素，減少皺紋，修復肌膚及增加肌膚保水度。
15. ( ) 體臭劑可以增加香氣，提升個人魅力。

選擇題

1. ( ) 洗髮精屬於以下何者？ (A)洗髮用化妝品 (B)頭髮用化妝品 (C)化妝用油類 (D)香氛類
2. ( ) 粉餅屬於以下何者？ (A)洗髮用化妝品 (B)覆敷用化妝品 (C)化妝用油類 (D)香氛類
3. ( ) 香水屬於以下何者？ (A)香水類 (B)香氛類 (C)化妝水類 (D)沐浴用化妝品類

4. ( ) 腋臭防止劑屬於以下何者？ (A)洗髮用化妝品 (B)頭髮用化妝品 (C)化妝用油類 (D)香氛類

5. ( ) 能保濕、滋潤、調理、淡化斑點、增加皮膚保水度為何種化妝品？ (A)清潔用化妝品 (B)身體用化妝品 (C)裝扮性化妝品 (D)保養用化妝品

6. ( ) 粉底液屬於以下何種化妝品？ (A)清潔用化妝品 (B)身體用化妝品 (C)裝扮性化妝品 (D)保養用化妝品

7. ( ) 能滋潤秀髮，減少頭髮分岔為何種化妝品？ (A)護髮霜 (B)養髮水 (C)髮蠟 (D)定型液

8. ( ) 具抗靜電功效的化妝品為何？ (A)造型慕斯 (B)護髮霜 (C)潤絲精 (D)養髮水

9. ( ) 有效去除老廢角質，改善肌膚暗沉，增加肌膚光澤為何種保養品？ (A)美體磨砂膏 (B)沐浴球 (C)按摩霜 (D)美體瘦身霜

10. ( ) 可以分解局部脂肪為何種化妝品？ (A)美體磨砂膏 (B)沐浴球 (C)按摩霜 (D)美體瘦身霜

11. ( ) 可以除臭，改善體味為何種化妝品？ (A)精油 (B)體臭劑 (C)花露水(D)香水

12. ( ) 能清潔、促進代謝、增加身體香味為何種化妝品？ (A)清潔用化妝品 (B)身體用化妝品 (C)裝扮性化妝品 (D)保養用化妝品

13. ( ) 有效代謝肌膚老廢角質，促進細胞增生為何種保養品？ (A)身體乳液 (B)沐浴球 (C)按摩霜 (D)去角質霜

14. ( ) 能增加睫毛長度與密度，使眼神更具魅力為何種化妝品？ (A)假睫毛 (B)睫毛膏 (C)眼線筆 (D)眼影

15. ( ) 長期使用易產生細紋及肉芽為何種化妝品？ (A)粉底液 (B)粉底膏 (C)粉餅 (D)遮瑕膏

問答題

1. 何謂化妝品其定義為何？

2. 化妝品可分為哪六大類？

指甲與保健

張嘉苓 編著

一、指甲構造與組成

二、指甲疾病與保健

三、手部保養與指甲美化

一、指甲構造與組成

指甲為皮膚的附屬物，屬於角質化的半透明片，能夠保護手指及腳趾。指甲的情況就像皮膚一樣，可以反映出身體的健康情形。正常健康的指甲是很堅硬的，而且呈現出淺淺的粉紅色，其表面呈彎曲狀，沒有斑點、凹陷或波狀隆起，通常健康的指甲表面呈現無光滑、亮澤感。

指甲的平均生長速度大約為每個月0.31公分。指甲的生長在夏天比冬天快，小孩的指甲生長較快。老年人則生長較慢。中指長的最快，姆指則最慢。腳趾甲生長比手指甲慢，但是卻較厚、較硬，因此季節性的變化及個人健康因素都是影響指甲生長的主要原因。常見的指甲形狀可分為以下幾種：

• 圖5-1　指甲的構造

美容保健小常識

剪指甲的適當時機：洗完澡時，指甲在濕潤時較柔軟，因此，指甲屬於比較厚且硬的人，此時是剪指甲最佳的時機，對指甲也比較不容易造成傷害。

指甲的作用是保護皮膚的，指甲的皮膚和頭髮結構一樣，都是由角質素所組成。角質素是一種角蛋白，也是所有角質組織的基本成分。指甲本身不含神經或血管。指甲含三個主要部分：指甲根部、指甲本身及指甲尖，其相關成分如下：

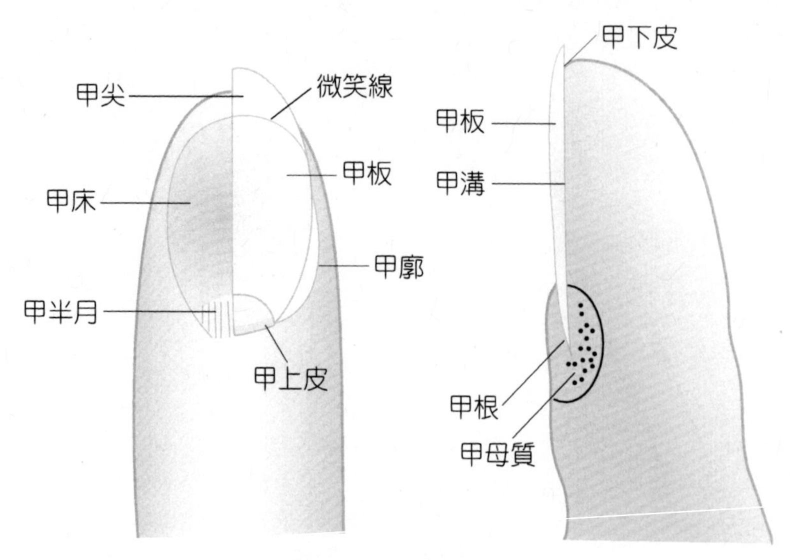

• 圖5-2 指甲的構造

表5-1 指甲組成與說明

中文名稱	英文名稱	說明
甲板	nail plate	本身不含有神經和毛細血管，屬於一種硬角質層，由半透明薄層狀角質細胞所構成。
甲母	nail matrix	位於指甲根部，細胞具有再生分裂的能力，甲母含有毛細血管、淋巴管和神經，是指甲生長的泉源，如果甲母受損，指甲就會停止生長。
甲根	nail root	甲根位於皮膚下方，較為薄軟，是甲母細胞分裂的場所，新生指甲細胞可促進指甲更新，也是指甲生長的源頭。
甲床	nail bed	真皮層含有大量的毛細血管和神經，其血液的色澤，主要是影響指甲顏色，正常健康的指甲顏色表面是呈現粉紅色。
甲廓	nail fold	環繞皮膚周圍，側甲廓主要是指甲兩側，後甲廓是連接甲根部的部位，甲廓主要功能是保護及固定甲板用。
甲半月	lunula	位於指甲根部半月形的地方，位於指甲根部也就是指緣皮下方，是甲母細胞生成但尚未完全角化的指甲組織，所以質地比指甲體更為柔軟。
甲上皮	eponychium	俗稱甘皮或指緣皮，其功能在保護指甲輪廓的內部，正常健康的甘皮組織富含油脂及水分，如：甘皮乾燥會形成肉刺，影響指甲美觀。
甲下皮	hyponychium	可保護甲床，本身能在甲床外緣形成一道防線，能阻擋異物入侵，防止細菌感染，又稱甲尖內皮。
甲尖	free edge	指甲面從甲床分離尖端的部位，為指甲最前端的位置，甲尖容易因為外在因素而造成甲尖斷裂或是脆弱等現象。
甲溝	nail groove	甲溝是指甲板周圍的皮膚凹陷之，主要形成甲溝炎的地方，甲溝炎是一種發生在趾（指）甲周圍皮膚的化膿性感染症，溼疹、凍瘡、咬指甲也會造成甲溝炎。
微笑線	smile lines	是甲尖與甲面的分界線，又稱為游離緣，一般剪指甲不要太接近微笑線，至少離指甲1mm左右較不傷皮膚。

二、指甲疾病與保健

健康無損傷的指甲通常會不斷的生長，當指甲受到細菌感染、損傷或身體出現狀況時，指甲就會開始產生病變，而造成指甲損傷及病變的因素可分為以下幾種：

・波紋甲

屬於一種長期隆起的症狀。波紋又可區分為縱紋或橫紋，縱紋由營養不均衡或是老化現象所引起，橫紋則是壓力過大、受外力擠壓、妊娠。或缺乏微量元素鋅導致。

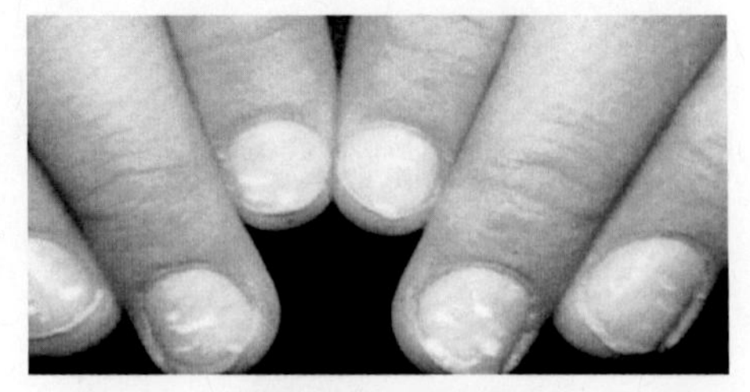

• 圖5-3　波紋甲

・ 軟型甲

遺傳性居多。軟型甲指甲較薄遇水容易斷裂，所以保養時盡量不宜泡水；可用護甲產品及美甲技術來增加指甲的厚度。

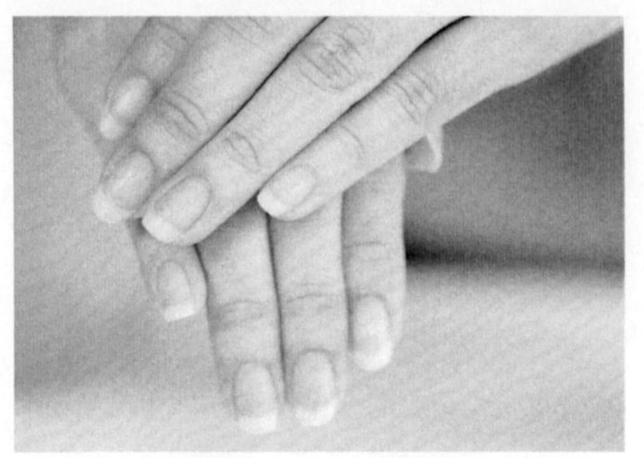

• 圖5-4　軟型甲

・匙型甲

通常甲面中間下凹陷形成湯匙狀，主要是營養攝取不均衡或是缺乏鐵質所造成，長期減肥者也較易出現此現象。建議可藉由均衡的飲食及指甲美化技術來處理。

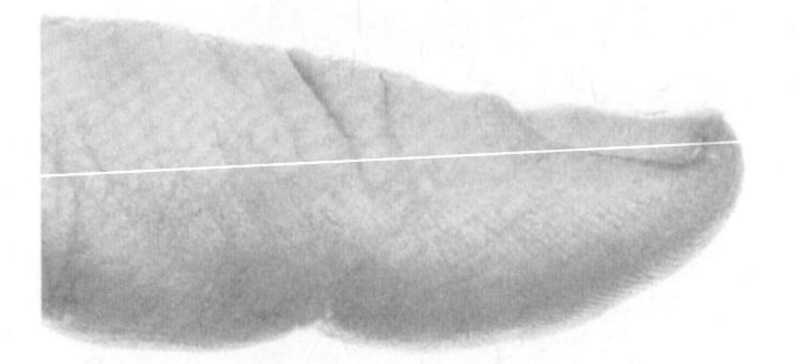

• 圖5-5　匙型甲

・薄片且翻起來指甲（指甲層狀分裂）

指甲較薄，且甲片角質層呈現剝落現象，通常與遺傳有關（如：全身性或神經性的疾病，或是缺乏蛋白質等），建議此症狀的指甲少碰水，並塗上強化指甲的硬甲油，來增加指甲本身的厚度。

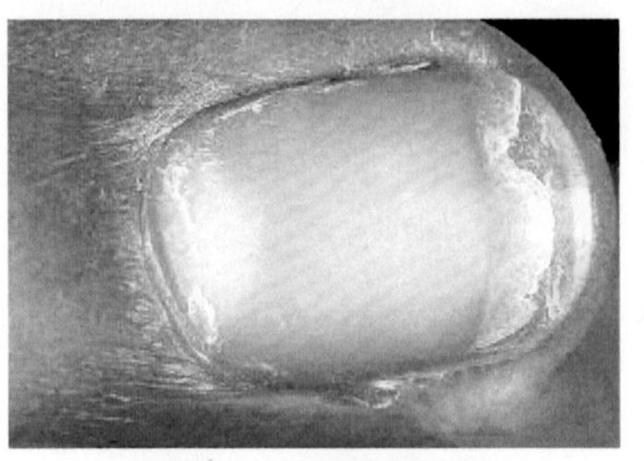

• 圖5-6　指甲層分裂

・厚甲症

較易發生在腳趾甲，可能因為穿鞋習慣而導致或是指甲、缺乏修整或長期細菌感染所造成，通常做粗活工作者最常發生。

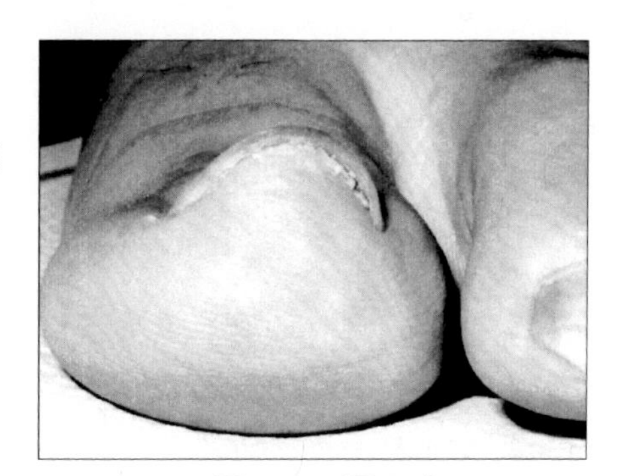

• 圖5-7　厚甲症

・鬆離指甲

當指甲受到撞擊而導致指甲及甲床分離，如果指甲受到細菌感染、或是甲狀腺機能亢進也有可能造成指甲鬆離。

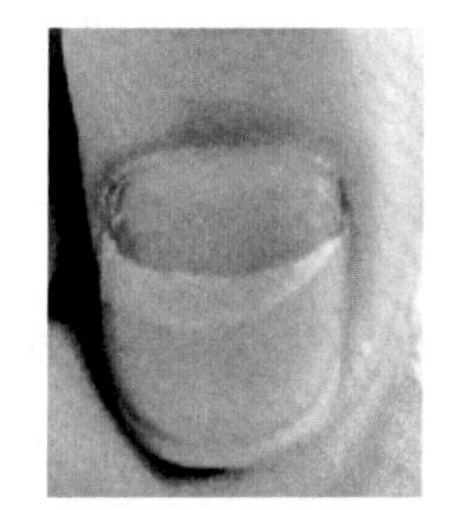

• 圖5-8　鬆離指甲

・甲溝炎

一般是因為修指甲時，我們將甲皮過度修剪，或是長時間泡在水中，而使得甲母質受到葡萄球菌、鏈球菌或綠膿桿菌感染導致發炎而造成甲溝炎，可求助醫生處理。

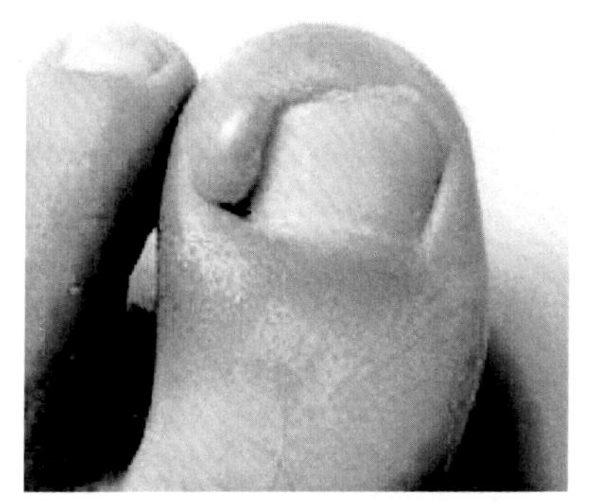

• 圖5-9　甲溝炎

・指甲嵌入症

俗稱「當甲」，這種症狀常見於穿著不適合鞋子，或是過度的修剪指甲所造成，最佳處理方式就是改變穿鞋的習慣。

類型	側面扎入型	肉包甲型	表面卷曲型
漫畫圖示			

・蛋型甲

又稱凸型甲。指甲較薄、甲面突起，這類指甲發生在營養不均衡、壓力、情緒或是有肝、肺部方面疾病等顧客身上，建議應補充鐵質及鈣質。

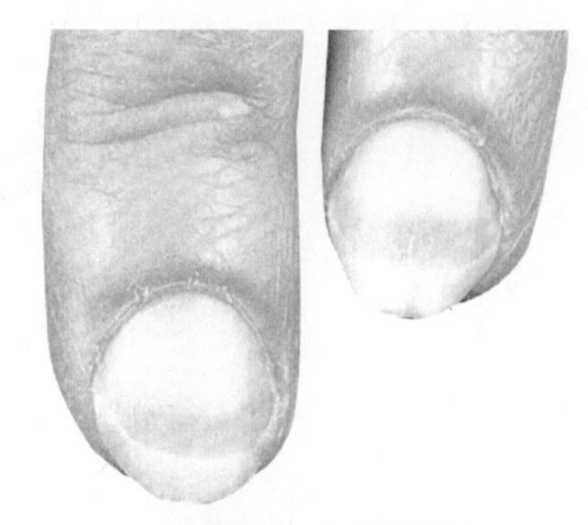

• 圖5-10　蛋型甲

・咬甲症

指甲長期受到啃咬，導致指甲邊緣受到擠壓，指肉突起，通常是壓力、情緒不安、缺乏安全感所引起，若能施以人工指甲矯正或是改變啃咬指甲的習慣，指甲就能恢復正常。

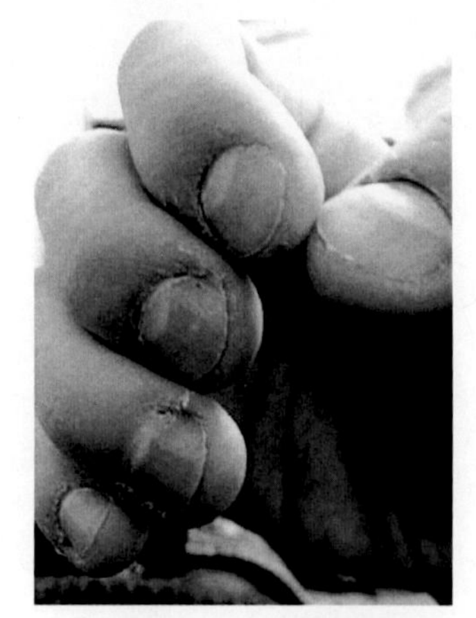

• 圖5-11　咬甲症

・白斑

屬於一種常見的指甲病變，無法用藥物根治，通常形成白斑的原因可能為：

1. 外力撞擊。
2. 營養失衡：缺乏鋅、鈣攝取。
3. 修剪不當：傷到指甲造成空氣進入。
4. 重金屬中毒：產生白色橫斑。

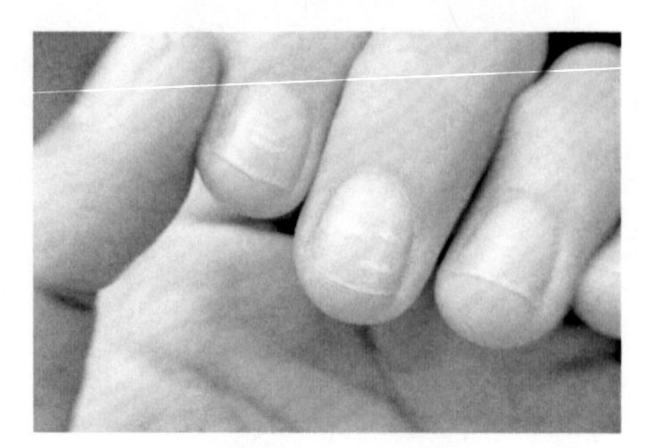

• 圖5-12　白斑

・有倒拉刺指甲（指緣皮外翻）

指甲常因為甲上皮太厚、乾燥或碰觸清潔用品所引起。此種指甲狀況，處理方式，就是將翹起之甲上皮修剪乾淨後，塗上富含油脂的指緣油來保護。

小叮嚀：若較嚴重的肉刺，應於修剪完後，塗上抗生素藥劑，使其能較快痊癒。

・瘀傷

當指甲受到撞擊，甲床血管破裂，血液凝結在甲床及甲板之間，指甲也會由褐色慢慢轉成黑色，當指甲生長出來剪掉，健康的指甲就會恢復。

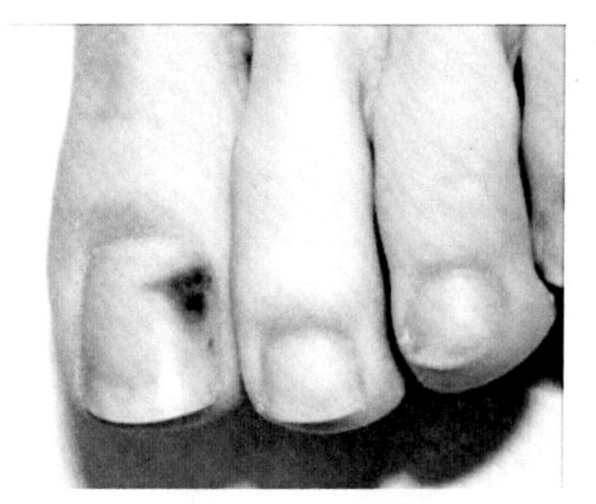

● 圖5-13　瘀傷

・雞眼

通常形成的原因有兩種：

1. 鞋子不合腳。
2. 病毒性感染。

雞眼病灶中間有一個半透明的小圓點，看起來像一顆眼珠，因此被稱為雞眼。形成雞眼的主要原因是腳底皮膚反覆摩擦，所導致的角質增厚。若穿太緊的鞋子或高跟鞋，在大腳趾及小腳趾外側常會出現雞眼。

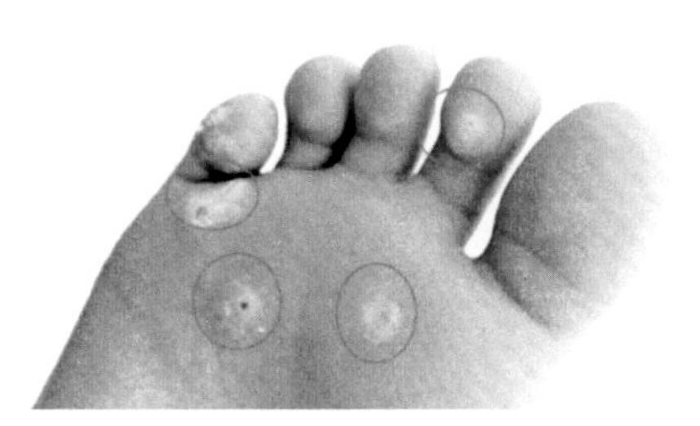

● 圖5-14　雞眼

表5-2　雞眼vs病毒疣差異性

皮膚病類型	雞眼	病毒疣
成因	不具傳染性，腳底長期受到摩擦和壓力所致	具傳染性，感染人類乳突病毒導致，主要是經由接觸傳染而來，可透過人傳人，或是經由物體的傳遞，如球拍、毛巾、滑鼠等等
症狀	走路會有痛覺，雞眼病灶中間有一個半透明的小圓點，像一顆眼珠	病毒有潛伏期，身上有傷口或破皮，就容易有感染的風險。症狀處有小黑點產生，若發生在腳底，走路會有疼痛感
治療	可請醫生用高濃度的水楊酸塗抹患處，可有效溶解較厚的角質	液態氮冷凍治療、電燒治療、雷射治療或使用高濃度的水楊酸擦劑
預防	減少腳部摩擦及壓力	避免在公共場所赤腳走路或是共用鞋子、毛巾等物品

・甲廯

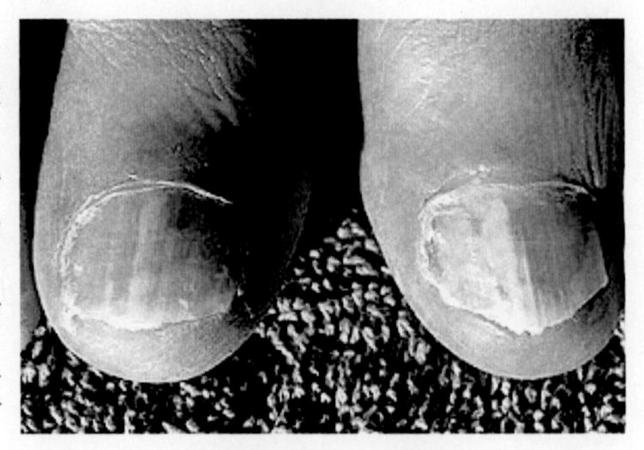
●圖5-15　甲廯

俗稱「灰指甲」，主要是指甲受到黴菌或是念珠菌感染所造成，甲板本身會增厚甲板面呈現高低不平。因為台灣屬於較潮溼悶熱的海島型國家，因此容易造成黴菌的產生。足部因為穿鞋的關係，容易因穿鞋不通風腳底潮濕，進而產生灰指甲現象，若發現有此症狀，應建議儘速就醫治療。

表5-3　指甲形成原因與護理方式

指甲徵狀	形成原因	護理方法
1.咬甲廯	神經壓力緊張，焦慮，沮喪，鬱悶，不安全感或同時也會誘發許多感染和疾病。	使用護甲品或用水晶指甲增加美觀。
2.指甲破裂	使用含丙酮劣質的去光水，剪甲不當或化學產品使用過度，如：清潔劑或洗碗精等。	指甲養護，充分保養。
3.倒拉刺	剪甲過度，甘皮部位過於乾燥或經常使用刺激性強的化學洗劑，如：指甲油、去光水、清潔劑等。	指甲養護，充分保養。

表5-3 指甲形成原因與護理方式（續）

指甲徵狀	形成原因	護理方法
4.甲溝炎、甲廓炎	長時間浸泡水中，導致黴菌類或微生物侵襲或使用過多化學溶劑，如：指甲油、去光水清潔劑或染髮劑等。	停止使用刺激的物品，建議提早就醫。
5.鬆離指甲	遭受到強烈撞 、疾病感染或是藥物造成:如四環黴菌（具感光性）。	建議提早就醫。
6.指甲縱裂症	指甲表面呈現線狀隆起的縱痕，可能為乾癬、圓禿、白斑、異位性皮膚炎，風濕性關節炎、遺傳、缺乏維生素C、B或生活作息不正常所導致。	治療內在疾病，營養充足或指甲保養。
7.指甲橫溝症	如橫紋細小又多，則表示長期的慢性消化系統疾病產生問題，如：腸胃炎、結腸炎、胃病等；如：有一條很深的橫紋，則表示有很嚴重的腸胃疾病。	補充營養，治療內在疾病，並做好指甲保養。
8.凹陷	指板凹陷的橫紋，會隨著指甲持續生長逐漸往末端方向移動，當指甲生長受到抑制，代表嚴重全身性疾病、感染、重大情緒困擾或是缺乏維生素C、B所導致。	補充營養，治療內在疾病，拋光甲面或磨甲。

表5-3 指甲形成原因與護理方式（續）

指甲徵狀	形成原因	護理方法
9.白斑症	缺乏角質素、鋅、鈣等元素，修剪不當，外傷，重金屬或砷中毒。	用手部保養品進行按摩，護甲或貼甲片。
10.瘀傷	外力撞擊，疾病影響，如：心臟病或肝病。	避免再度碰撞，保持指甲乾淨或護甲。
11.嵌甲	會因為修甲不當或疏於修甲所造成。甲片的寬度和甲床不成比例，造成甲片嵌入皮膚內，皮膚就會產生增生，形成肉芽，伴隨細菌進入受傷的皮膚造成甲溝炎，會有發炎，紅腫、脹痛甚至蜂窩性組織炎等現象。	如影響生活，建議提早就醫。
12.厚甲	遺傳，疾病，細菌感染或疏於修整指甲所導致。	磨甲或拋光甲面。

（二）指甲常見問題與處理

若缺乏某些營養素，會導致指甲的外觀受損、不健康。

維護指甲健康，必須要懂得指甲構造及成分，針對指甲問題或發生原因，及有效的處理與解決方式，如下表所示：

表5-4 指甲問題、原因及解決改善

常見指甲問題	發生原因	解決及改善方法
指甲薄且軟	反應出全身性或神經性的慢性疾病。	強化指甲硬度，多補充食物養分。
指甲出現小裂痕導致斷裂現象	1. 避免指甲過度使用去光水。 2. 指甲甲面缺水及養分不足。 3. 接觸刺激性溶劑。 4. 工作傷害。 5. 缺乏維生素A。	利用指甲強化劑來使指甲更硬、更健康。
足部灰指甲	又稱甲癬(Tinea unguium)由黴菌所感染，潮濕環境下容易產生。	1. 保持足部乾燥透氣。 2. 有黴菌感染時立即治療以防止互相傳染。 3. 不塗抹來路不明的指甲油。 4. 需注意指甲油成分。 5. 保持足部乾爽透氣。

美容保健小常識

護甲的三大營養素

1. 蛋白質：如動物性蛋白質，有海鮮、鮮奶、大豆、魚、雞蛋、肉及乳製品，可使指甲強硬堅韌。
2. 礦物質：如肝臟、海藻、海鮮，可維持指甲功能運作，使指甲不易脆弱。
3. 維生素：如食物中維生素A、B、D、E，如：魚肉蛋類、黃綠色蔬菜、奶油、胚芽，可增加指甲光澤性。

注意：飲食均衡不挑食，人體器官及組織才能有效正常運作。

三、手部保養與指甲美化

(一) 手部保養步驟

1. 消毒雙手：用75%酒精先消毒雙手。
2. 修型：用磨棒磨出適當甲型。

3. 指緣軟化：使用指緣軟化劑，滴在指緣上皮，手指泡溫水3~5分鐘，讓指緣軟化。
4. 推捧去甲面角質：等指緣軟化後，輕推甲面角質。
5. 拋光棉拋平甲面：使用拋光棉將甲面磨平。
6. 清潔刷（可選用軟毛）：使用清潔刷刷除指甲多餘粉塵。
7. 按摩雙手：取適量的乳液或基礎油於手心，進行手部按摩。

圖解 手部保養

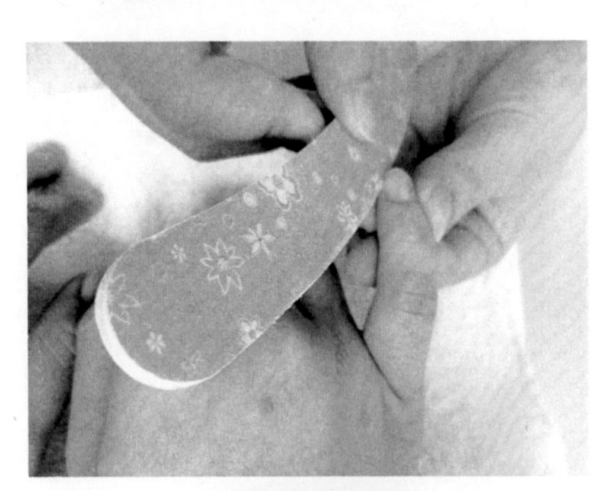

• 磨棒修甲型

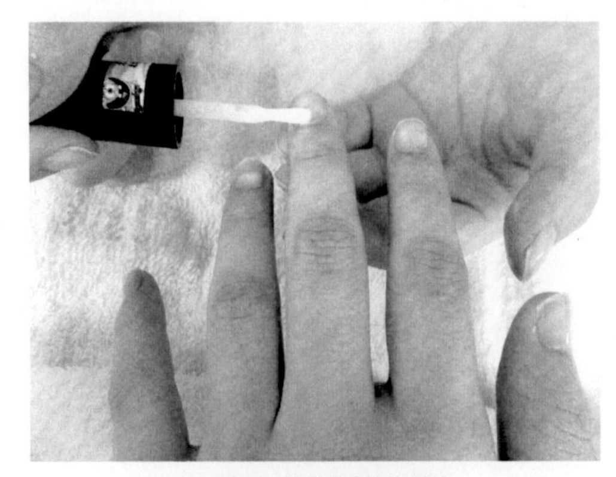

• 塗上指緣軟化劑

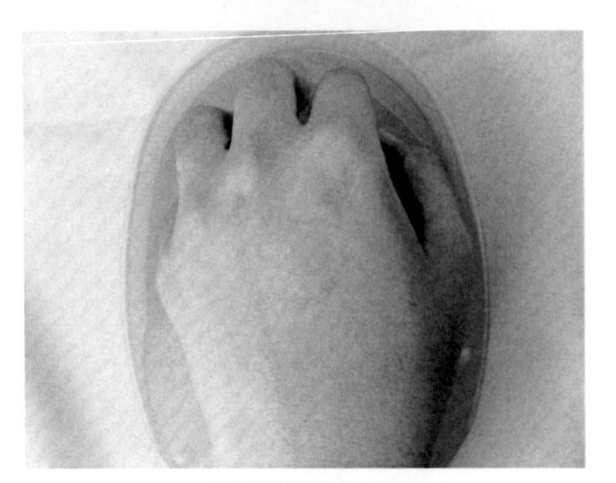

• 手浸於泡手盆中

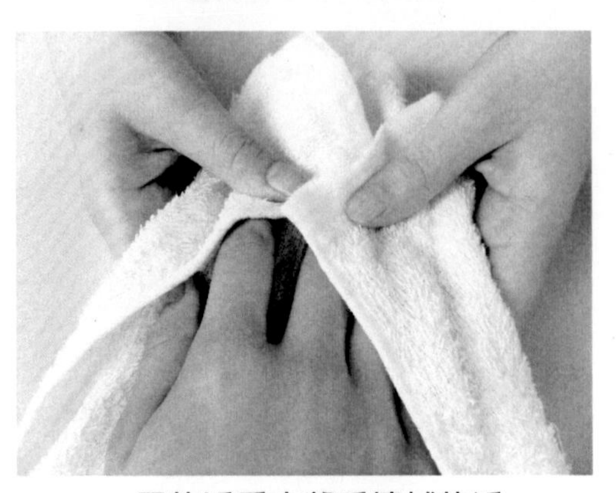

• 用乾淨毛巾將手擦拭乾淨

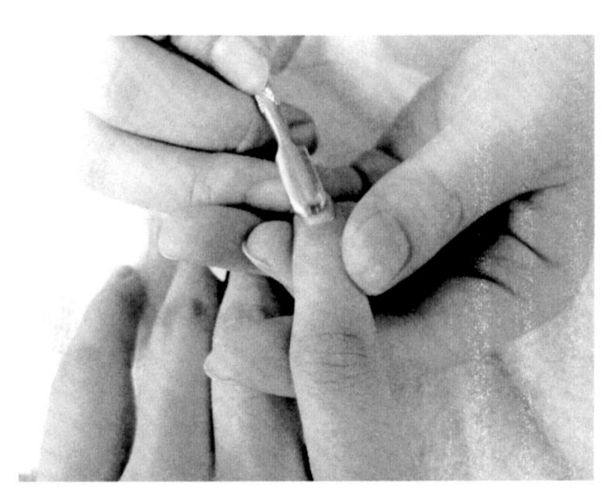

• 用推棒將指緣邊推整齊

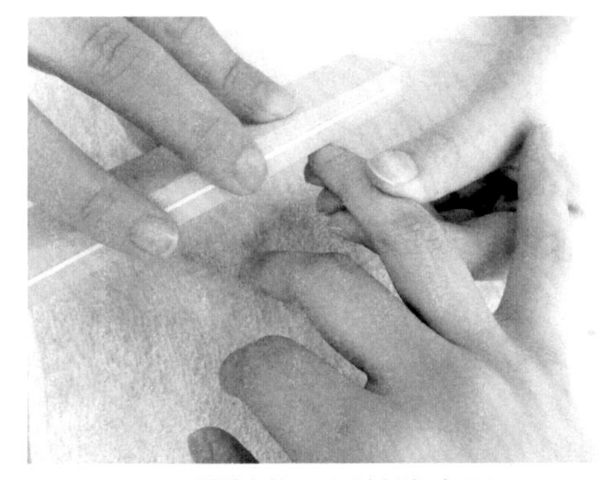

• 用厚拋將甲面紋路磨平

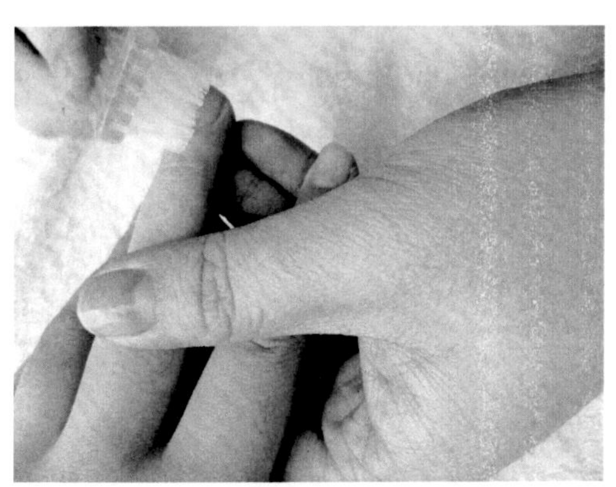

• 用刷子將多餘粉塵掃除

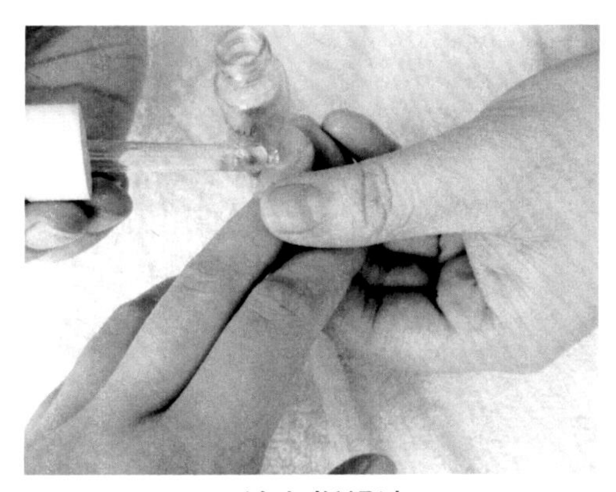

• 塗上指緣油

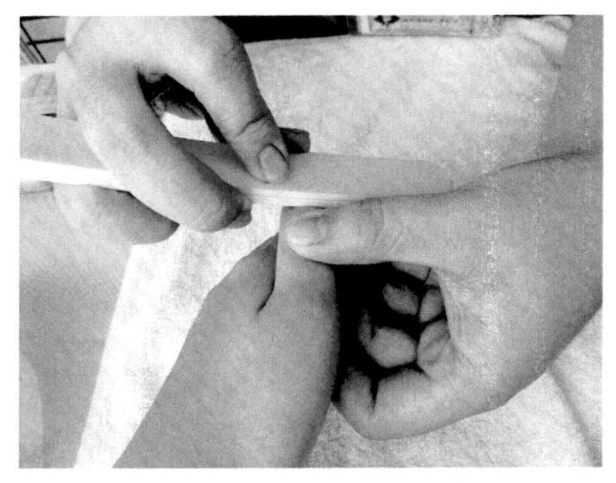

• 用拋光棒將甲面拋亮

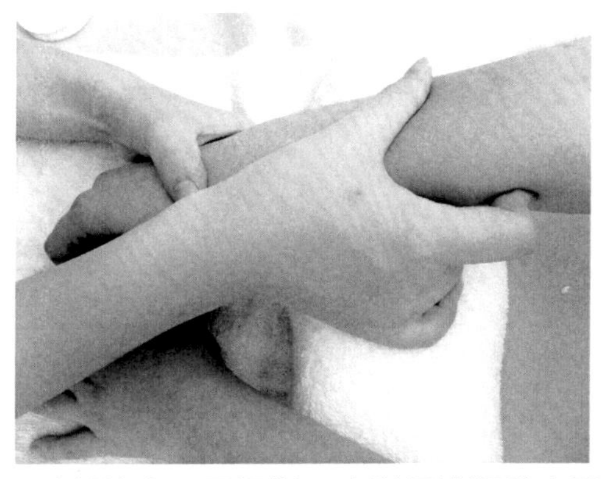

• 手部按摩－用拇指、食指輕推滑動來回

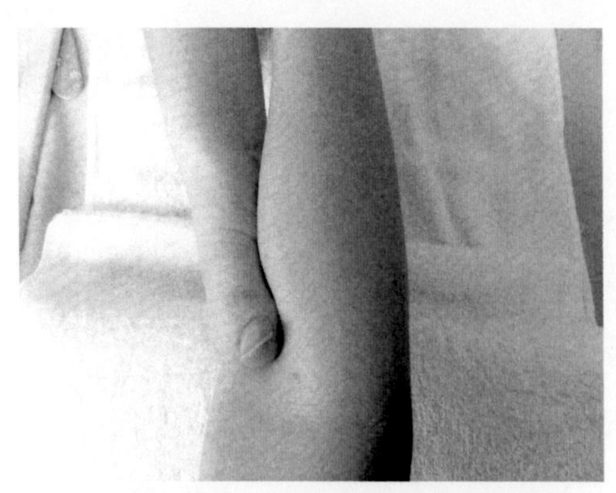

• 手部按摩－用拇指按壓搓揉來回

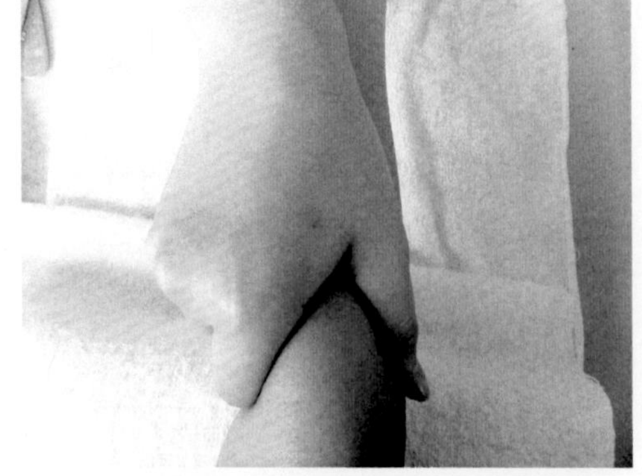

• 手部按摩－用拇指、食指搓揉按壓

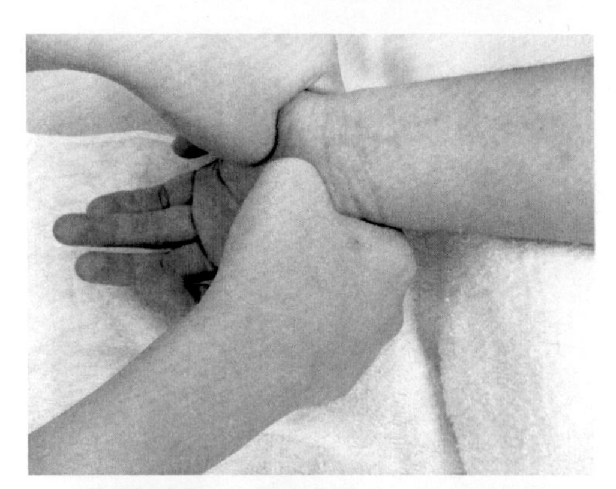

• 手部按摩－滑動勞宮穴並往外輕撥

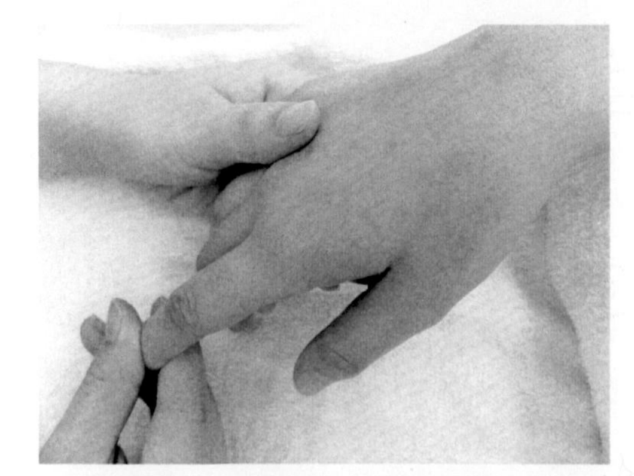

• 手部按摩－用拇指、食指按壓搓揉指頭

（二）指甲美化

指甲油上色步驟說明

完美的指甲色彩，必須要掌握指甲塗抹的方向性、順序性及適當性，如果能將以下階段塗抹基礎步驟掌握住，就能展現出美麗動人的指甲。

1. 第一階段

在指甲表面上塗護甲油（指甲的隔離霜），先從指甲後面往指甲尖周圍開始，指甲正面全部塗勻護甲油（透明底色）。

2. 第二階段

挑選指甲油並上色，取適量之指甲油時，瓶口先刷一下，指甲油才不會過量，指甲油塗抹方式先從指甲尖及指甲四周塗上指甲油；再從指面中央指甲根部順刷至指甲尖均勻塗滿，力道要平均，由左順刷，再由右順刷。

3. 第三階段

將雙手指甲油晾乾，可浸泡冷水，加速指甲快速乾燥。

4. 第四階段

指甲油需重複塗抹二遍，方向順序需一致，色澤才會自然均勻飽和。

5. 第五階段

最後塗上快乾亮光油，即完成，可增加色澤及指甲油飽和度。

6. 第六階段

雙手浸泡冷水，可加速及保護指甲顏色之附著性。

• 圖5-16　美化指甲可讓手部更加美觀

美容保健小常識

注意事項：如果指甲油塗抹時，有超出指甲的部分，可使用棉花棒沾取去光水去除即可；如是使用凝膠指甲油，則使用凝膠卸甲包或是凝膠專用卸甲液去除即可。

• 圖5-17 凝膠指甲

MEMO

本章作業

是非題

1.（ ） 指甲的平均生速度大約為每個月0.31毫米。

2.（ ） 小孩的指甲生長通常比大人慢。

3.（ ） 我們指甲中的中指指甲生長最快，姆指則較慢。

4.（ ） 指甲可分為三個部分，分別為甲體、甲床、甲前緣。

5.（ ） 甲黴菌又稱甲癬，通常會使指甲變色，變色現象會朝指皮延伸。

6.（ ） 患有灰指甲的病人應保持足部乾燥透氣。

7.（ ） 護甲的三大營養素為蛋白質、礦物質、葡萄糖。

8.（ ） 若指甲缺乏礦物質鐵，指甲會呈湯匙狀，蒼白現象。

9.（ ） 消毒雙手必須使用75%以下的酒精來進行消毒。

10.（ ） 指甲色彩必須掌握指甲塗抹的方向性、順序性及適當性。

11.（ ） 若指甲油塗超出指甲時，可使用棉花棒沾取酒精擦拭即可。

12.（ ） 剪指甲最適當的時機為指甲乾燥時。

13.（ ） 腳指甲生長比手指甲慢，且較厚、較硬。

選擇題

1.（ ） 指甲平均生長速度大約為每個月 (A)0.31公分 (B)0.31公尺 (C)0.31毫米 (D)0.31吋

2.（ ） 正常健康的指甲應呈現 (A)紅色 (B)白色 (C)粉紅色 (D)黃色

3.（ ） 四季中何時指甲長比較快？ (A)春天 (B)夏天 (C)冬天 (D)秋天

4.（ ） 甲癬通常會使指甲變色，經一段時間會產生斑點變成 (A)黑色 (B)綠色 (C)白色 (D)黃色

5.（ ） 應強化指甲硬度，多補充食物養分為何種指甲問題？ (A)灰指甲 (B)甲癬 (C)指甲薄且軟 (D)指甲因裂痕而斷裂

6.（　）指甲過度使用化妝水會造成　(A)灰指甲　(B)甲癬　(C)指甲薄且軟　(D)指甲因裂痕而斷裂

7.（　）甲癬因何種因素所造成？　(A)黴菌　(B)寄生蟲　(C)細菌　(D)益生菌

8.（　）下列何種指甲問題必須避免傳染？　(A)灰指甲　(B)指甲呈湯齒狀　(C)指甲薄且軟　(D)指甲因裂痕而斷裂

9.（　）指甲易乾燥斷裂應多補充　(A)維生素A　(B)維生素B_{12}　(C)鐵　(D)維生素C

10.（　）缺乏維生素B_{12}會使指甲　(A)極度乾燥　(B)出現橫向突脊　(C)出現縱向突脊　(D)以上皆是

11.（　）指甲呈湯齒狀為缺乏　(A)維生素A　(B)維生素B_{12}　(C)鐵　(D)維生素C

12.（　）若指甲油塗出指甲周圍時，可使用棉花棒沾取　(A)水　(B)酒精　(C)去光水　(D)快乾亮光油擦拭即可

問答題

1. 指甲可分為哪三部分，並分別說明？

2. 指甲所需的營養素有哪些？

3. 請寫五種指甲疾病？

頭髮與頭皮保健

張嘉苓 編著

一、頭髮組成與生長

二、頭皮類型

三、頭皮病變與保健

一、頭髮組成與生長

(一)頭髮構造

頭髮主要是由毛幹(髓質層、皮質層及表皮層)和毛根(毛囊、毛球、毛乳頭及毛母細胞)所組成的，當頭皮健康，髮質就會變好，同時也可以遲緩掉髮、頭皮屑等問題，所以平常應養成正確的保健習慣，才能擁有健康的頭髮與頭皮。清除頭皮汙垢，使頭皮呼吸清爽、強化毛囊組織、活化細胞、促進頭皮細胞新陳代謝正常，才是解決頭皮病變的根本之道。

(二)頭髮的生命週期

頭髮生命週期有三個階段：生長期，衰退期和休眠期。

1. 生長期

頭髮大部分都屬於生長期，包含毛囊底部完全重建、重新生長，此時期頭髮生長速度最快且最活耀，毛髮向上生長同時毛囊也向下延伸，細胞也會不斷的進行分裂。

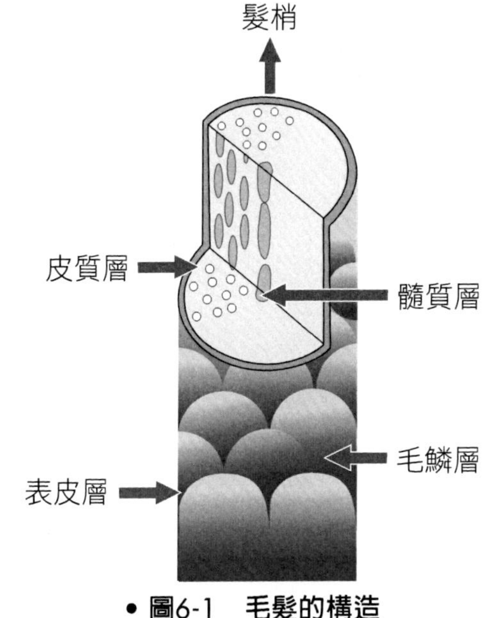

• 圖6-1　毛髮的構造

2. 衰退期(又叫退化期)

此期間毛髮生長停止，毛囊不進行細胞分裂與毛髮製造，毛囊細胞逐漸死亡，毛根底部萎縮，毛乳頭與基質分離階段。

3. 休眠期(又叫休止期)

此時毛髮脫落毛乳頭休息(停止生長)，並開始進入休眠期，一直到另有刺激開始新循環之間的時期，毛囊也正開始忙著長出新的頭髮。

正常人每天約掉70~100根左右頭髮是正常的，通常是在梳頭髮與洗頭髮時，最常見到掉髮現象，頭髮的生長也容易受到內外因素而改變，如：營養不良、癌症病變、壓力、藥物…等，都是造成掉髮的主要原因。

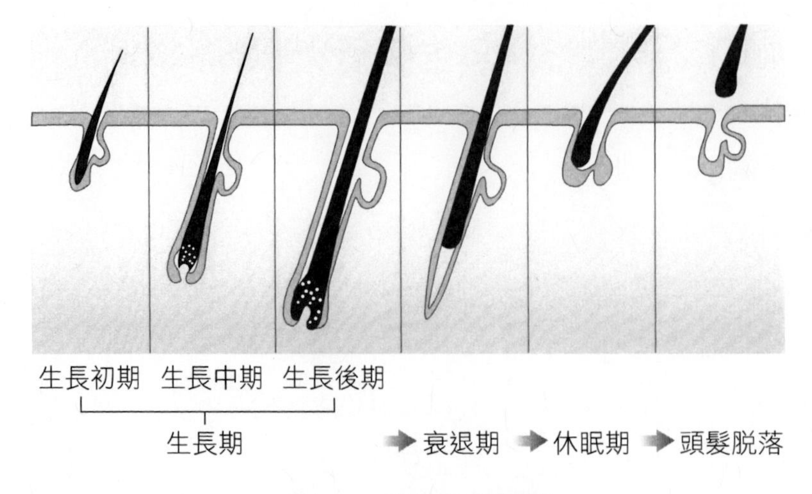

• 圖6-2　頭髮生長週期

二、頭皮類型

每個人頭髮性質與頭皮性質皆不同，頭皮的健康容易因為環境、飲食、季節及生活習慣等不同而有所改變，因此，我們將頭皮分類成以下幾種類型：

（一）中性頭皮：洗頭完過了一天，頭皮及頭髮看起來不太有明顯油膩感。

（二）乾性頭皮：皮脂腺分泌少，頭皮不易出油，頭髮末梢也因為乾燥而容易分岔斷裂。

（三）油性頭皮：洗頭完尚未滿一天，頭皮就開始出油，頭髮也明顯出現油膩感，頭髮呈現塌陷，如沒有每天洗頭，頭皮出油就很容易產生頭皮屑等現象。

（四）敏感性頭皮：頭皮容易紅腫、發癢等現象。

針對以上不同頭皮性質，選擇適當的洗髮精和潤濕精是非常重要的，正確的產品可以有效改善我們頭皮與頭髮問題，頭皮健康了，頭髮自然就會健康。

三、頭皮病變與保健

(一)頭皮病變

頭皮長時間與空氣接觸,空氣中含有許多的微生物,如果加上洗、染、燙造型,就會影響頭皮毛孔的呼吸不順暢,使頭皮產生緊繃感,加上如果用到劣質的產品時,更會造成頭皮與頭髮的傷害。通常頭皮病變的原因,主要是本身營養素不足、生活習慣不規律、熬夜、免疫系統功能不佳、新陳代謝無法正常運作等都是造成頭皮病變的原因,當頭皮產生病變時,只能靠藥物(如:抗生素及類固醇等)來治療,為了不長期使用藥物,所以平日的清潔保養是相當重要的。

• 圖6-3 烏黑亮麗頭髮

(二)頭髮與頭皮保健

烏黑亮麗的秀髮來自健康的毛囊,毛囊則位於頭皮裡,所以,想要有健康的髮質,就必須要好好善待自己的頭皮。首先可先從洗髮開始,洗髮是維持健康頭髮的第一關卡,透過洗髮可有效清潔頭皮、頭髮的油垢和灰塵,使髮質保持最佳狀態,每個人頭皮出油情況不一樣,可因個人髮質選擇適合之洗髮、護髮、養髮等調理商品,才可確保頭髮與頭皮的健康保健。

以下為健康頭皮及頭髮保養的流程介紹:

1. 梳髮

可使頭部血液循環變好,促進頭皮新陳代謝,同時也可達到頭髮與頭皮汙垢的短暫清潔,正確的梳髮方向可由髮際線往髮尾方向直梳,低下頭再由髮尾往髮際線方向直梳,頭髮兩側則可左右橫梳,來回梳髮數次,力道適度,可有效促進健康髮質生長,最後可利用雙手指腹輕輕按摩整個頭皮,使頭皮常保健康。

(1) 由髮際線往髮尾方向直梳(來回數次,力道適中)。

(2) 低下頭由髮尾往髮際線前直梳(來回數次,力道適中)。

(3) 頭髮左右兩側橫梳（來回數次，力道適中）。

(4) 以雙手指腹輕輕搓揉並按摩整個頭皮。

1. 由髮際線往髮尾方向直梳

2. 低下頭由後腦勺往前直梳

3. 頭髮左右兩側橫梳

4. 以指腹輕輕按摩頭皮

• 圖6-4 正確的梳髮順序

2. 洗髮

須選對符合自己的頭髮性質的產品，已往洗髮的產品訴求較少，大多以洗淨頭髮汙垢為主，而現階段的產品選擇也不再侷限於洗淨，而是更添加了頭髮所需營養素，使洗髮中，同時也兼具調理改善髮質的功效，使洗髮不在只有洗淨，而是多了頭髮保水及鎖水的功能，使頭髮中的毛鱗片不會產生翹起及脫落現象。

• 圖6-5 洗髮是維持健康頭皮與頭髮的第道一關卡。

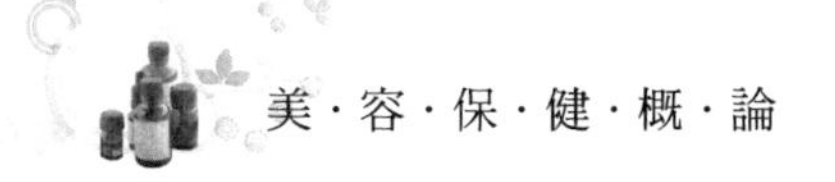

美容保健小常識

洗髮是維持健康頭髮的第一關卡，要頭皮及頭髮健康一定要保持清潔；洗完頭髮記得把洗髮精沖乾淨，不要殘留在頭皮及頭髮上，以免阻塞頭皮健康。

3. 潤絲

潤濕主要功能在於修護及重建受損髮質，使頭髮恢復健康與彈性，避免頭髮產生分岔、乾燥及枯黃現象，可有效提高頭髮滋潤度，並增加頭髮毛鱗的健康與彈性。

4. 護髮

可視髮質狀況而定，具有深層清潔及深度修復的功效，對頭髮相當有益處。

5. 滋養

市售頭髮滋養系列產品相當多，可針對個人髮質特性及狀況來調理，如直髮滋潤產品、染燙髮滋潤產品、捲髮滋潤產品或受損髮質滋潤產品，選擇自己適合且專屬的頭髮滋養產品，可有效改善秀髮，增加髮質健康與柔順感。

6. 按摩

可用頭皮刮痧棒及指腹按摩，能有效促進頭部血液循環與健康。

• 圖6-6　健康梳子

7. 吹髮

可吹乾頭皮及秀髮，並能將頭髮塑型。為了避免頭髮因吹髮而受到傷害，切勿將吹風機直接近距離接近頭皮與頭髮，所以在吹髮時應保持大約10~15公分以上距離，同時在吹髮前應先使用吸水性強的毛巾，先將頭髮部分水分吸除，並在吹髮之前可先擦些滋養髮霜於髮尾，以免頭髮因熱而產生枯黃、分岔及斷裂現象。

美容保健小常識

晚上洗完頭髮要儘快把頭皮和頭髮吹乾，尤其頭皮最為重要，如：頭皮未完全吹乾就直接睡覺，會容易導致偏頭痛狀況發生。

8. **建議保養事項**

(1) 養成每日梳頭的習慣，刺激頭皮血液循環，使頭皮更健康。

(2) 減少染、燙及造型的傷害。

(3) 可使用頭皮調理及修復產品。

(4) 多補充蛋白質、維生素A、維生素C、維生素B_2、B_6、B_{12}及泛酸等多種食物。

(5) 避免挑食，少吃刺激性食物。

(6) 避免熱風（如：吹風機）太靠近頭皮及頭髮，以免產生頭髮分岔斷裂。

(7) 避免用過熱的水清洗頭髮，造成頭皮與頭髮的傷害。

• 圖6-7　養成每日梳頭的習慣，刺激頭皮健康

MEMO

本章作業

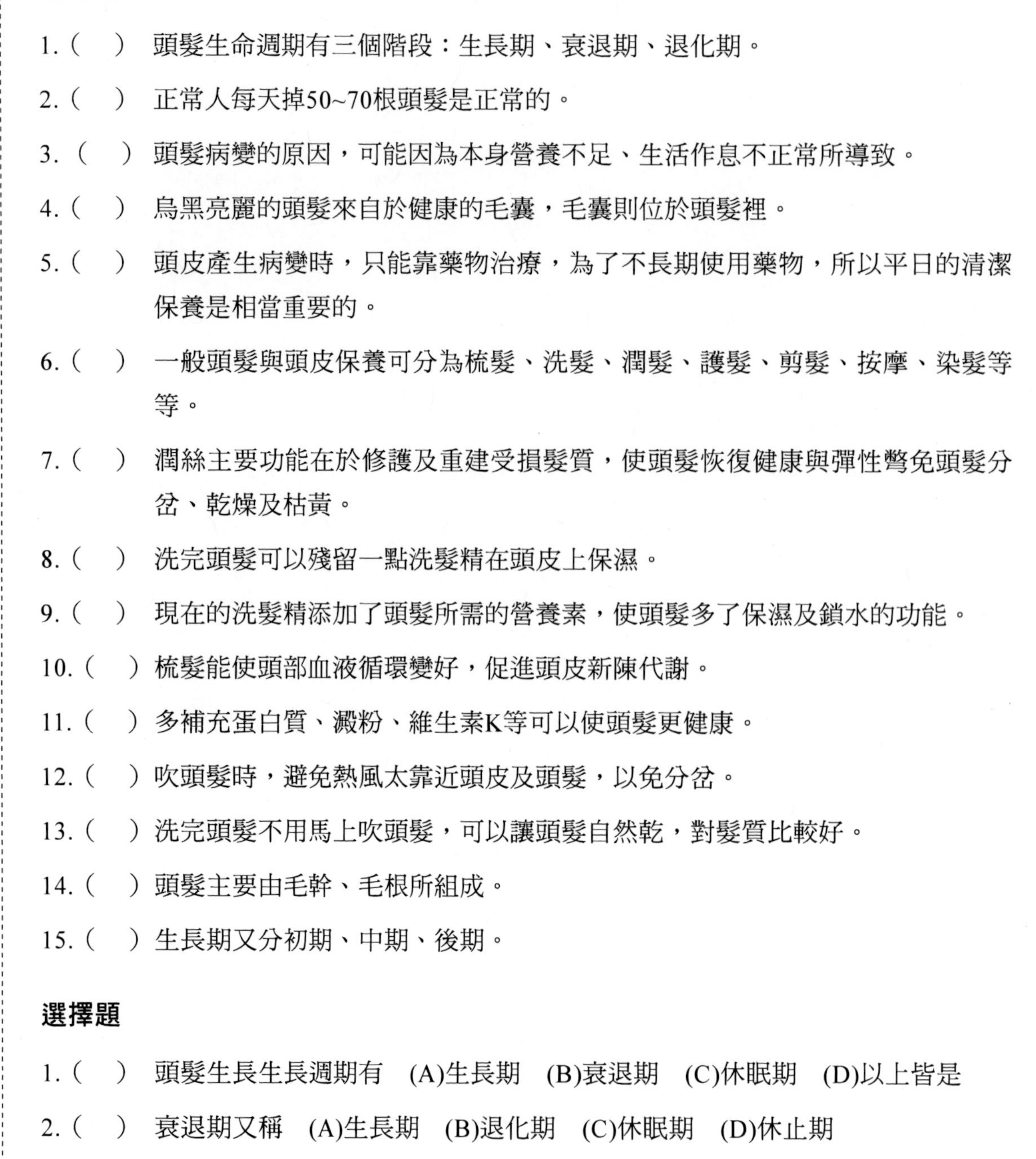

是非題

1.（　） 頭髮生命週期有三個階段：生長期、衰退期、退化期。

2.（　） 正常人每天掉50~70根頭髮是正常的。

3.（　） 頭髮病變的原因，可能因為本身營養不足、生活作息不正常所導致。

4.（　） 烏黑亮麗的頭髮來自於健康的毛囊，毛囊則位於頭髮裡。

5.（　） 頭皮產生病變時，只能靠藥物治療，為了不長期使用藥物，所以平日的清潔保養是相當重要的。

6.（　） 一般頭髮與頭皮保養可分為梳髮、洗髮、潤髮、護髮、剪髮、按摩、染髮等等。

7.（　） 潤絲主要功能在於修護及重建受損髮質，使頭髮恢復健康與彈性彎免頭髮分岔、乾燥及枯黃。

8.（　） 洗完頭髮可以殘留一點洗髮精在頭皮上保濕。

9.（　） 現在的洗髮精添加了頭髮所需的營養素，使頭髮多了保濕及鎖水的功能。

10.（　） 梳髮能使頭部血液循環變好，促進頭皮新陳代謝。

11.（　） 多補充蛋白質、澱粉、維生素K等可以使頭髮更健康。

12.（　） 吹頭髮時，避免熱風太靠近頭皮及頭髮，以免分岔。

13.（　） 洗完頭髮不用馬上吹頭髮，可以讓頭髮自然乾，對髮質比較好。

14.（　） 頭髮主要由毛幹、毛根所組成。

15.（　） 生長期又分初期、中期、後期。

選擇題

1.（　） 頭髮生長生長週期有 (A)生長期 (B)衰退期 (C)休眠期 (D)以上皆是

2.（　） 衰退期又稱 (A)生長期 (B)退化期 (C)休眠期 (D)休止期

3.（　） 休止期又稱 (A)生長期 (B)退化期 (C)休眠期 (D)休止期

4. ( ) 休梳髮正確步驟以下何者為非？ (A)由髮際線往髮尾方向直梳 (B)頭髮左右兩側橫梳 (C)低下頭由髮尾往髮際線前直梳 (D)以雙手指腹大力搓揉並按摩整個頭皮

5. ( ) 正常人每天約掉髮約幾根為正常？ (A)70~100根 (B)150~200根 (C)200~250根 (D)250~300根

6. ( ) 造成頭髮掉髮的原因，以下何者為非？ (A)營養不良 (B)癌症病變 (C)壓力、藥物 (D)護髮或潤濕

7. ( ) 何謂頭髮衰退期？ (A)毛囊底部完全重建、重新生長，此時期頭髮生長速度最快且最活耀 (B)毛髮生長停止，毛囊不進行細胞分裂與毛髮製造，毛囊細胞逐漸死亡，毛根底部萎縮，毛乳頭與基質分離 (C)毛髮脫落毛乳頭休息，並開始進入休眠期 (D)以上皆非

8. ( ) 頭髮主要是由毛幹和毛根組成，以下毛根組成分不包含哪項？ (A)皮質層 (B)毛球 (C)毛乳頭及毛母細胞 (D)毛囊

9. ( ) 影響頭皮病變的原因有哪些？ (A)營養素不足 (B)生活習慣不規律 (C)免疫系統功能不佳 (D)以上皆是

10. ( ) 一般頭髮與頭皮保養，何者為非？ (A)梳髮 (B)頭皮按摩 (C)染燙及吹風 (D)潤絲及護髮

問答題

1. 頭髮主要構造有哪些？
2. 頭髮生命週期可分為哪三階段？
3. 頭皮病變的原因為何？

芳香療法與皮膚保健

張嘉苓 編著

一、芳香療法介紹

二、芳香精油種類療效及注意事項

三、芳香精油使用方法及精油保養配方

四、精油注意事項

一、芳香療法介紹

(一)芳香療法由來

芳香療法(Aromatherapy)由法國化學家蓋特佛塞所創造，所謂芳香療法是指藉由芳香植物或萃取出的精油作為媒介（如：種子、花朵、果實、葉子、根、莖），透過塗抹、泡澡、淋浴、薰香蒸浴及按摩等方式，經由皮膚、鼻子等管道吸收，可達到預防身心靈疾病與保健的功效，因此芳香療法可說是一種預防醫學也是治療疾病的科學。

• 圖7-1　芳香精油

(二)精油帶來效益

芳香精油效益良多，不但可以調整人體的神經末梢、中樞神經、荷爾蒙以及身體機能，同時也可以讓我們迅速恢復體力及增強免疫力，因此，精油本身也有抗菌、殺菌、鎮靜、活化、更新、消炎、除臭、安撫、舒壓、放鬆等功效。也因為植物精油的滲透性佳，能有效滲透肌膚的深層組織，較易於皮膚吸收。

二、芳香精油種類療效及注意事項

精油有分單方和複方兩種，通常單方精油是以單一種植物精油為主；複方則是用含2種以上單方精油，再加入基底油調和而成（如：荷荷芭油、甜杏仁油、小麥胚芽油…等），通常複方精油會有特定的目的，運用效益也最廣。純天然的精油對於人體的神經、免疫、消化、泌尿、生殖、呼吸、循環、骨骼、肌肉、內分泌系統以及皮膚、情緒、驅蟲等都有非常大的助益。以下就針對市面上最常見的單方精油功效與注意事項進行詳細介紹：

(一)精油功效及注意事項

1. 歐白芷根(Angelica Root)

消炎功能、潤滑皮膚、適合任何膚質使用,促進排汗、滋補消化系統、利尿解毒、有效幫助支氣管炎與呼吸感染症狀迅速止痛、增強免疫力及解決睡眠障礙,提升自我信念、振奮精神、穩定不安情緒。

注意事項:具光敏性,用後勿直接曝曬太陽。

2. 安息香(Benzoin)

對發炎肌膚或乾燥龜裂,可改善濕疹及皮膚炎問題、具殺菌功效、化痰、可促進傷口癒合,開闊視野、溫暖、能舒緩及放鬆緊張情緒。

• 圖7-2　精油產品

注意事項:當須集中精神時,避免使用。

3. 佛手柑(Bergamot)

可改善油性及青春痘的肌膚、具抗菌效果,可增強食慾、調理呼吸道及消化道毛病、預防感冒、可降低溫度,安撫憤怒、挫敗感,可提高自信,也能舒緩焦慮和壓力。

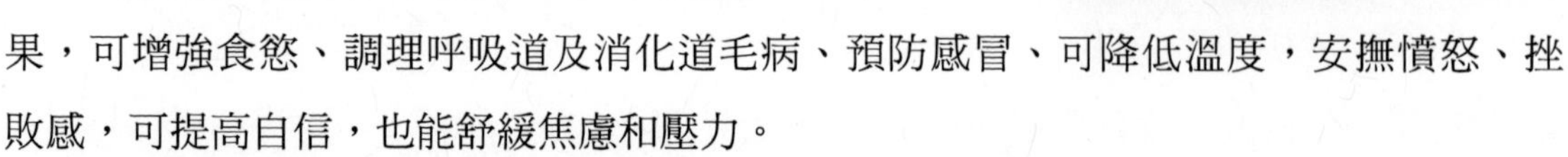

注意事項:具光敏性,用後勿直接曝曬太陽,可選購去光敏性的佛手柑使用。

4. 羅勒(Basil)

有消除粉刺、緊實肌膚及增加肌膚彈性之功效,可舒緩胃部不適、幫助消化、噁心、減輕生理痛、頭痛、對咳嗽、支氣管炎都可以改善,此精油本身有抗病毒的功效,可當平常保健及預防疾病用,對焦慮、沮喪及低落的情緒有幫助,可達激勵作用。

注意事項:懷孕時避免使用。

5. 樟木(Camphor)

針對粉刺、面皰及油性肌膚有改善,並可減輕皮膚發炎狀況,抗風濕、肌肉酸痛、可預防腹瀉、便秘、脹氣、神經痛、虛弱無力、感冒,具提振精神,令人朝氣活力,增加思考力。

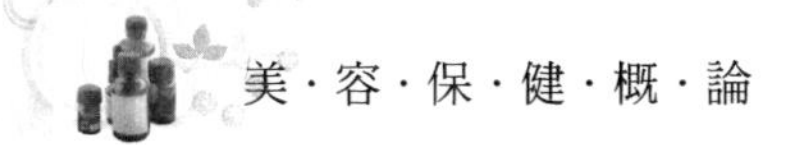

注意事項：孕婦、嬰幼兒、癲癇病患、過敏體質、氣喘病患及敏感性肌膚盡量避免使用。

6. 雪松(Cedar wood)

可改善油性及頭皮屑髮質、橘皮組織，適合油性及青春痘的肌膚，能舒緩咳嗽、支氣管炎等症狀，促進淋巴循環正常、消解脂肪，幫助泌尿道搔癢與感染，具鎮定神經、降低及舒緩壓力；適合冥想沉思時使用。

注意事項：無特殊使用禁忌。

7. 胡蘿蔔籽(Carrot Seed)

對燙傷及青春痘疤痕肌膚有良好修復功效，適合敏感、各種膚質及皺紋膚質使用，幫助排毒、保肝、調整甲狀腺，針對低血壓及貧血者適用，給人力量，有支持作用，能有效平衡受委屈的心情。

注意事項：孕婦不宜使用。

8. 羅馬洋甘菊(Chamomile German)

常使用在按摩精油及眼霜部分，性質溫和，對癬、濕疹、面皰具有不錯之成效，適合各種膚質和敏感及青春痘肌膚使用，也有效改善肌肉酸痛、頭痛、牙痛及喉嚨痛等功效，可調節女性荷爾蒙及內分泌失調，對肌腱扭傷、關節炎有益，可作為關節按摩精油使用，對失眠、緊張不安、焦慮，有舒緩及安撫情緒之作用。

• 圖7-3　洋甘菊

注意事項：沒有特殊使用禁忌。

9. 德國洋甘菊(Chamomile German)

針對傷口潰瘍、發炎、面皰、濕疹及過敏性肌膚有益，可抗痙攣、有效改善肌肉緊繃、有通經功效，針對婦科方面能有效改善，針對恐懼、不安、焦慮或莫名的情緒有安撫作用。

注意事項：沒有特殊使用禁忌。

10. 肉桂(Cinnamon)

針對皮膚循環不佳、有溫和收斂及緊實肌膚作用，可有效改善輕微蜂窩性組織炎現象，可有效預防流行性感冒、抗痙攣、抗感染、促進血液循環、減輕肌肉酸痛及蚊蟲咬傷等現象，針對精神不濟，給於支持與鼓勵，並激勵振奮人心，給人溫暖感受。

注意事項：孕婦避免使用。此精油對皮膚具有刺激性，應低劑量使用，避免直接用於皮膚上。

11. 香茅(Citronella Ceylon)

有效清潔肌膚、抗感染、可幫助毛孔達收斂作用，適合油性膚質使用，針對頭痛、驅蟲、除臭、淨化、平衡系統及消除雙腳汗臭味，抗憂鬱、心情抑鬱、傷心、難過，有鎮定及安撫情緒作用。

注意事項：懷孕時盡量避免使用。

12. 快樂鼠尾草(Clary Sage)

能改善皮脂腺分泌、收斂毛孔、改善青春痘、頭皮屑及掉髮現象，適用於油性膚質與髮質狀況的人，具平衡荷爾蒙分泌、鎮靜、緩和生理痛，可輔助生育或壓力引起的偏頭痛等問題，給人怡悅、幸福感，有溫暖放鬆、平衡情緒、增加生命力。

注意事項：集中精神及懷孕時避免使用。

13. 丁香(Clove)

增加血液循環、改善面皰感染、傷口感染及調理鬆弛下垂的老化皮膚，可助產、抗菌抗病毒、開胃、止痛、消脹氣、抗痙攣，改善風濕性關節炎、支氣管炎及性冷感，針對疲勞、精神不佳，有激勵、鎮定，化解無能為力的感受。

注意事項：避免直接接觸皮膚；針對皮膚過敏者盡量避免使用，其他膚質則建議以極低劑量來使用，應較具強烈刺激性。

14. 絲柏(Cypress)

保持肌膚彈性、增加肌膚光澤，恢復肌膚活力，適合油性膚質及成熟膚質使用，具收斂及抗菌功效，能有效幫助傷口癒合，可除濕氣、減緩靜脈曲張及水腫問題，對

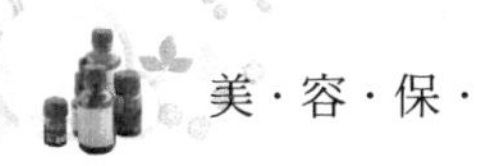

更年期或生理痛症狀也能有效改善，易怒、心情起伏不定、煩躁，可有效抒發鬱悶的心情，並安撫脾氣暴躁等現象。

注意事項：孕婦不宜使用。

15. 乳香(Frankincense)

能淡化疤痕、減緩皺紋、改善痘痘及發炎肌膚，並可調理暗沉、乾燥及老化肌膚，有良好的收斂功效，能舒緩喉嚨痛、咳嗽、月經不順、可提升免疫機能，減少感冒及流行性病毒感染等，有平靜、踏實、平安的感覺，可幫助脫離不安的情緒、給人感到歡愉、抒解焦慮不安，具有安全感。

注意事項：沒有特殊禁忌。

16. 葡萄柚(Grapefruit)

緊實肌膚、具提拉作用、回春，適合青春痘及其他各種肌膚使用，可調理生理期不適、偏頭痛、舒緩肌肉酸痛、刺激淋巴排毒、消水腫及減肥，給人開懷愉快、香氣迷人、味道清新芬芳、可減壓、放鬆、抗憂鬱，可有效調理情緒方面。

注意事項：具光敏性，使用後避免曝曬太陽。

• 圖7-4　檸檬精油萃取物

17. 萊姆(Lime)

針對溼疹、粉刺、疤痕及斑點有淡化作用，可改善暗淡無光肌膚有效止外傷及刀傷出血，可有效平衡收斂油性膚質，幫助消化、促進食慾、增強免疫力、補充能量及舒緩風濕性疼痛，頭腦清晰，增強意志力，有煥然一新、生氣蓬勃的感覺。

注意事項：具光敏性，使用後避免曝曬陽光。

18. 橙花(Neroli)

對油性、敏感、老化及暗沉肌膚有護理、美白功效，懷孕婦女適度按摩腹部可有效改善妊娠紋現象，可改善失

• 圖7-5　精油萃取物

眠現象、成分溫和安全，可幫助平衡荷爾蒙，對靜脈曲張、神經痛、頭痛、頭暈有幫助，減緩緊張、不安及焦慮，可有效安撫情緒，幫助心情放鬆。

注意事項：無特殊使用禁忌。

19. 甜橙(Orange Sweet)

具消炎、抗菌、保濕等功效，適合任何膚質使用，溫和安全，對排毒、舒壓、活化、消化不良、便祕等有助益，給人心情愉悅、溫暖、開心等功效。

注意事項：具輕微感光性，使用後盡量避免曝曬陽光。

20. 茶樹(TeaTree)

具消炎、抗痘及清潔作用，可有效減緩因青春痘引起皮膚紅腫發炎等現象，同時，可改善頭皮健康，適合油性膚質或其他膚質使用，抗菌力強，可有效提升免疫系統，預防感冒，有保健功效，使人充滿活力，平緩情緒，降低壓力，使人頭腦清晰有目標。

注意事項：無特殊禁忌，可少量直接塗在肌膚上；皮膚敏感者稀釋使用。

21. 真正薰衣草(Lavender)

促進傷口癒合、皮膚炎、改善面皰、淡斑、平衡油脂分泌，適合油性膚質使用，鎮定、舒緩感冒、改善肌肉痠痛、頭痛、反胃、燙傷、發癢等功效，針對憂鬱、沮喪、失眠、強大的鎮定及放鬆效果，有安定心神，淨化心靈作用。

• 圖7-6　薰衣草精油萃取物

注意事項：低血壓患者及懷孕初期避免使用。

22. 醒目薰衣草(Lavendin)

平衡油脂、淡斑、改善面皰，適合油性膚質使用，促進傷口癒合、預防感冒、睡眠問題、有鎮定作用、針對肌肉酸痛與僵硬有助益，針對鎮定、安撫、沮喪、憂鬱及失眠有良好功效．也對提振心靈有益。

注意事項：低血壓患者、懷孕初期避免使用。

23. 大馬士革玫瑰或摩洛哥玫瑰(Rose Damask or Rose Maroc)

保濕效果佳，有收斂毛孔功效，可有效減少皺紋，使細胞再生活化、收斂肌膚、可抗老化、抗敏感、除體臭，適合所有肌膚使用，有效調解對女性生理疼、便祕、助孕、補強神經，愛情的泉源，給人希望與力量，有安撫鎮靜情緒作用。

注意事項：無特殊使用禁忌。

24. 澳洲檀香及印度檀香(Sandalwood Australian及Sandalwood East Indian)

能平衡肌膚，使肌膚柔軟，保護肌膚水分，能改善皮膚發癢、面皰等問題，適合乾性及老化肌膚使用，消毒殺菌、抗病毒、抗真菌、抗發炎、祛痰、收斂，預防細菌感染，提升免疫系統，可鎮定神經，同時也是頭髮的滋養品，鎮定、安撫、抗憂鬱，能平緩情緒，使人安定放鬆，有淨化心靈之功效。

注意事項：無特殊使用禁忌。

使用禁忌：單方精油未經過稀釋，不可直接塗抹或使用，因刺激較高，所以使用前需要調和基礎油或乳霜、乳液類使用；複方精油因含兩種以上精油之調和，所以可直接塗抹或使用，對人體皮膚較不具刺激性。

25. 茉莉精油(Jasmine)

提取自花朵。調理任何皮膚，針對皮膚乾燥、敏感、老化、疤痕及妊娠紋之皮膚有效，可提升肌膚水份和彈性：改善產後憂鬱症、平衡荷爾蒙，改善性障礙、不孕症、陽痿、早瀉、精子過少及月經不順；對精神層面可抗沮喪、增強自信、恢復體力。

使用禁忌：孕婦禁用。

• 圖7-7　精油調和

美容保健小常識

單方精油除了茶樹和薰衣草這二種精油可直接單獨塗抹在皮膚外，其他精油需調和使用，才不會對皮膚產生刺激性。

三、芳香精油的使用方式及精油保養配方

精油透過不同方式進入皮膚，如按摩、沐浴、薰香及呼吸，進入我們身體系統裡，可達到不同的療效。

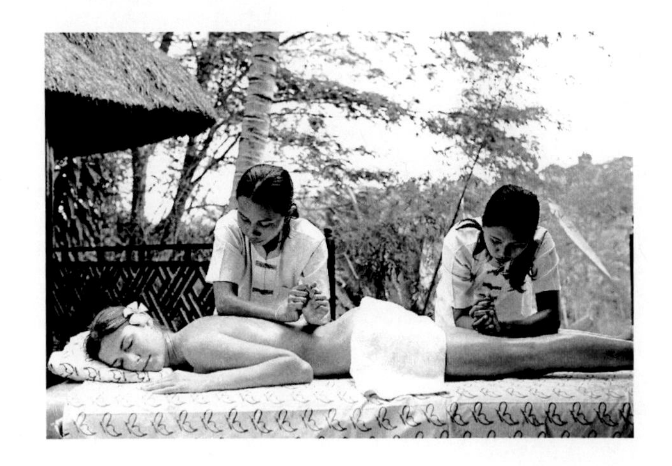

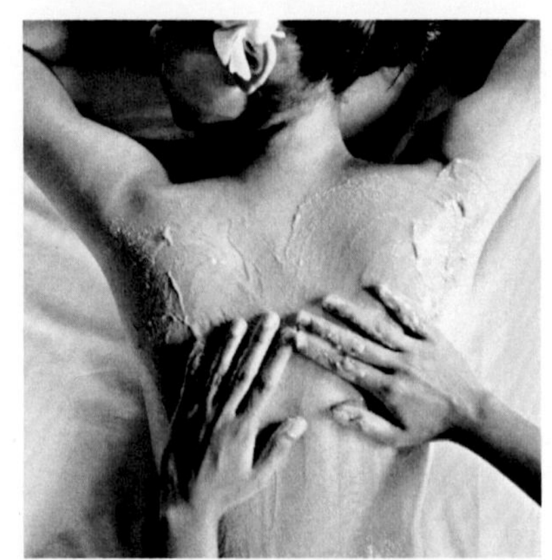

• 圖7-8　身心靈的美體SPA按摩

(一) 芳香精油的使用方法

1. 按摩

激勵免疫系統、激勵血液、淋巴循環、降低高血壓、減輕肌肉緊張、放鬆、淋巴排毒、改善肌膚黯沉、促進血液循環、有效提供細胞營養、緩和肌肉及關節疼痛，因分子較小，所以能滲透皮膚真皮層。

• 圖7-9　透過按摩達到放鬆

2. 沐浴

清潔肌膚、放鬆、減少焦慮、降低恐慌不安、興奮等失衡狀態時，精油能有效的增加正面能量、促進淋巴排毒、增加肌膚光澤與彈性、使人達到舒緩、消除緊張、幫助頭腦清醒及改善血液循環。

3. 薰香

淨化空氣、除臭、殺菌、增強免疫力、可抵抗病菌、病毒的攻擊、防腐及驅蟲、防止蚊蟲叮咬，止癢、放鬆、平衡情緒。

4. 嗅吸

透過嗅吸方式，直接將精油氣味吸入體內，可達預防醫學及放鬆情緒等功效。

(二) 精油保養配方

1. 皺紋

◎ 配方：乳香、永久花、薰衣草、檀香

◎ 使用方式：稀釋2滴精油於椰子油（基礎油）中，塗抹於皺紋部位。

2. 頭皮屑

◎ 配方：絲柏、薰衣草、迷迭香、茶樹、冬清

◎ 使用方式：稀釋2滴精油於椰子油（基礎油）中進行按摩頭皮，等待1小時或1個小時半後再進行沖洗。

3. 掉髮

◎ 配方：百里香、迷迭香、薰衣草、薄荷、檀香

◎ 使用方式：稀釋5滴精油於椰子油（基礎油）中，每晚對頭皮進行按摩。

4. 頭髮乾燥

◎ 配方：洋甘菊、迷迭香、檀香、天竺葵、薰衣草

◎ 使用方式：視情況數滴抹按摩於頭皮中，髮尾也可進行塗抹。

5. 油性頭髮

◎ 配方：迷迭香、茶樹、絲柏、檸檬。

◎ 使用方式：每天洗髮時加入1~2滴精油於洗髮精中使用。

6. 緊張

◎ 配方：薰衣草、快樂鼠尾草、迷迭香、玫瑰、茉莉、橙花。

◎ 使用方式：視情況重複塗抹數滴精油於太陽穴、背部、頸後及耳後或薰香用。

7. 偏頭痛

◎ 配方：乳香、薰衣草、薄荷、冬青。

◎ 使用方式：視情況重複塗抹數滴於太陽穴、背部、頸後及耳後或薰香用。

8. 容易分心

◎ 配方：薄荷、薰衣草、檸檬、迷迭香、岩蘭草。

◎ 使用方式：視情況每日數滴塗抹於頸後，耳後、太陽穴或薰香用。

9. 煩亂不安

◎ 配方：安定情緒複方、薰衣草、羅馬洋甘菊、廣藿香、佛手柑。

◎ 使用方式：視情況每日數滴塗抹於後頸部，耳後、太陽穴或薰香用。

10. 缺乏信心

◎ 配方：佛手柑、洋甘菊、快樂鼠尾草、檀香。

◎ 使用方式：視情況直接吸嗅或薰香用。

11. 焦慮

◎ 配方：乳香、廣藿香、羅馬洋甘橘、薰衣草。

◎ 使用方式：視情況每日數滴塗抹於後頸部，耳後、太陽穴、手腳和肩膀或薰香用。

12. 嗜眠病

◎ 配方：迷迭香、肉桂。

◎ 使用方式：視情況每日數滴塗抹於後頸部，耳後、太陽穴或薰香用。

13. 頭暈（暈車）

◎ 配方：薰衣草、薄荷、生薑、乳香。

◎ 使用方式：視情況重複塗抹數滴於太陽穴、背部、頸後及耳後或薰香用。

14. 中暑

◎ 配方：薄荷、薰衣草。

◎ 使用方式：視情況直接吸嗅或塗抹於後頸部、太陽穴及腳底反射區。

15. 失眠

◎ 配方：薰衣草、岩蘭草、伊蘭、快樂鼠尾草。

◎ 使用方式：每晚睡前滴數滴塗抹於耳後和腳底或薰香用，也可滴數滴於浴缸中泡澡。

16. 眩暈

◎ 配方：生薑、永久花、天竺葵、羅勒、薰衣草。

◎ 使用方式：症狀發生時，不時的滴2滴精油按摩於耳朵周圍穴道和腳底反射區或直接擦在手中吸嗅。

17. 中暑

◎ 配方：薄荷、薰衣草。

◎ 使用方式：視情況直接吸嗅或塗抹於後頸部、太陽穴及腳底反射區。

18. 精神恍惚心不在焉

◎ 配方：廣藿香、岩蘭草、薄荷、乳香、檀香。

◎ 使用方式：視情況噴霧於空氣中吸入，並滴數滴於頸後按摩。

備註：視個人狀況，以上建議僅供參考。

四、精油注意事項

由於過去科技所限，芳香療法大多採用芳香植物所萃取（產量較少）。隨著有機化學的發展，現在很多氣味及部分成分，都可以透過化學合成方式來取得。不過，這些化學合成的人工香精，其功效往往不及天然的純質精油，且多半都含有攙假成分所以我們在精油的使用與保存上，需注意以下幾點：

1. 精油保存在深褐色玻璃瓶裡。

2. 精油需用玻璃瓶保存在陰涼的地方，避免日曬及直接接觸熱源。

3. 精油要直接塗抹於皮膚時，須先測試，以確定本身膚質適應性。

4. 避免精油滴管直接接觸皮膚，可降低細菌滋生而影響精油效力。

5. 隨時保持瓶蓋鎖緊狀態，避免精油因接觸空氣而氧化。

6. 一般精油有效期限為3~5年（藥用期限為2年）。

7. 果皮類成分之精油效力易消散，約開瓶後5~12個月效力漸弱。

8. 使用單方精油需稀釋不可直接塗抹，以免皮膚產生刺痛紅腫。

• 圖7-10　使用精油可達舒壓、理療、淨化身心靈

參考資料

王素華(2008)。美膚與保健。台北：新文京。

蘇芳儀、石佩巧(2009)。美容概論Ⅰ。台北：台科大。

李翠瑚、李翠珊(2001)。美容概論Ⅰ。台北：龍騰文化。

李秋香、王惠美(2007)。美膚Ⅰ。台北：啟英。

蘇淑玉、游庭筠、周子翔(2019) 。美容概論。台北:全華。

林麗雪、簡月偵(2003)。化妝品學概論。台北：啟英。

洪偉章、陳榮秀(2002)。化妝品化學。台北：高立。

張麗卿(2006)。現代化妝品新論。台北：高立。

李仰川、詹馥好(2008)。化妝品學原理。台北：新文京。

歐錦綢、王翠霜、張乃方(2016)。化粧品香料學。台中：華格那。

郁二貽(1992)。最新化妝品學。台南：復文。

光井武夫(2004)。新化妝品學（陳韋達譯）。台北：合記。

黃燕容、陳幼珍(2017)。藝術指甲。台北：群英。

陳美均、許妙琪(2016)。專業美甲彩繪與護理。台北：新文京。

李仰川,詹馥好(2018)。化妝品學原理（第五版）。台北：新文京。

王正坤(2017)，微整形醫學美容與保養品，藝群。

東留源圃芳療法研究中心。

吳奕賢、程馨慧(2017) 。芳香療法。台北：新文京。

森欣國際芳療學院。

本章作業

是非題

1. ( ) 芳香療法是指藉由芳香植物或翠取出的精油作為媒介，透過注射、服用、滴入，繞身體吸收。
2. ( ) 精油本身有抗菌、殺菌、活化、消炎、除臭等功效。
3. ( ) 歐白芷根擄有消炎功能、促進排汗、利尿解毒、振奮精神之作用。
4. ( ) 芳香精油可以調整人體的神經末梢、中樞神經、賀爾蒙以及身體機能，也可以讓身體迅速力及增強免疫力。
5. ( ) 安息香可改善濕疹和皮膚炎、具殺菌、化痰、傷口癒合功能。
6. ( ) 孕婦、嬰幼兒、癲顯病患應避免使用羅勒。
7. ( ) 乳香能淡化疤痕及改善痘痘，也有很好的收斂功能。
8. ( ) 葡萄柚可以刺激淋巴排毒、減肥、調理生理不適以及抗憂鬱。
9. ( ) 真正薰衣草能平衡油脂、預防感冒、舒緩肌肉酸痛與僵硬。
10. ( ) 精油可以直接拿來塗抹使用，不用稀釋，這樣效果更好。
11. ( ) 精油按摩可以促進血液循環、提供細胞營養、舒緩肌肉和關節疼痛。
12. ( ) 精油沐浴能降低恐慌不安、促進淋巴排毒、使人達到舒緩、幫助頭腦清醒。
13. ( ) 精油嗅吸能直接將精油氣味吸入體內，可達到治癒醫學及放鬆情緒等功效。
14. ( ) 舒緩偏頭痛的精油配方有：乳香、薰衣草、薄荷、冬青。
15. ( ) 化學精油和天然精油功效差不多所以都可安心使用。

選擇題

1. ( ) 芳香療法來自於 (A)法國 (B)英國 (C)美國 (D)蘇格蘭。
2. ( ) 何種精油有改善頭皮屑、橘皮組織、舒緩咳嗽、泌尿道搔癢與感染功效 (A)羅勒 (B)安息香 (C)雪松 (D)丁香。
3. ( ) 何種精油能消除粉刺、抗風濕、預防腹瀉、便祕、虛弱無力 (A)羅勒 (B)樟木 (C)佛手柑 (D)丁香。

4.（　）何種精油針對婦科能有效改善？ (A)丁香 (B)香茅 (C)乳香 (D)德國洋甘菊。

5.（　）丁香精油可以 (A)止痛 (B)保持肌膚彈性 (C)抗風濕 (D)淡疤。

6.（　）乳香可以 (A)止痛 (B)保持肌膚彈性 (C)抗風濕 (D)淡疤。

7.（　）何種精油懷孕婦女應避免使用？ (A)甜橙 (B)茶樹 (C)真正薰衣草 (D)羅馬洋柑橘。

8.（　）何種精油為愛情的泉源？ (A)萊姆 (B)德國洋柑橘 (C)真正薰衣草 (D)大馬士革玫瑰。

9.（　）可以淨化空氣、除臭、增強免疫力、止癢、放鬆為 (A)薰香 (B)沐浴 (C)嗅吸 (D)按摩。

10.（　）可以增加肌膚彈性與光滑、消除緊張、幫助頭腦清醒為 (A)薰香 (B)沐浴 (C)嗅吸 (D)按摩。

11.（　）精油配方為薄荷、薰衣草可以舒緩 (A)缺乏信心 (B)嗜睡 (C)中暑 (D)失眠。

12.（　）精油應保存在 (A)透明玻璃瓶 (B)深褐色塑膠瓶 (C)透明塑膠瓶 (D)深褐色玻璃瓶。

13.（　）一般精油有效日期為 (A)3~5年 (B)3~5個月 (C)1~3年 (D)1~3個月。

問答題

1. 何為芳香療法其定義為何？
2. 精油對我們人體有哪些療效，請列舉五種？
3. 精油保存方式有哪些？

皮膚、骨骼疾病與保健

陳惠姿 編著

一、異位性皮膚炎

二、乾癬

三、蕁麻疹

四、富貴手

五、脂漏性皮膚炎

六、濕疹

七、痱子

八、接觸性皮膚炎

九、骨質疏鬆症

一、異位性皮膚炎

美容美髮工作者，因工作需要常要接觸清潔劑及水發生皮膚疾病的機會大增。現代婦女，大多需扮演職業婦女與家庭主婦的角色，而缺乏運動及飲食形態鈣質攝取不足，故本章針對皮膚疾病與骨質疏鬆症來介紹其保健法。

（一）患病原因

異位性皮膚炎是種遺傳過敏性體質，可能與免疫功能有關，除了皮膚長溼疹及搔癢外，皮膚對癢的耐受性較差，在夜裡會加重症狀。長期搔抓之後皮膚變成苔癬化，且易合併有血清免疫球蛋白E(IgE)升高，以及鼻子過敏、氣喘、蕁麻疹。常見的過敏原有：食物、花粉及動物毛髮。夏天流汗或溼度增加，接觸到毛料、油脂類、清潔劑等亦會使病況變差。

• 圖8-1　異位性皮膚炎

美容保健小常識

有氣喘、過敏性鼻炎、異位性皮膚炎家族病史的父母，當發現小孩出現皮膚乾癢、起紅疹、脫皮、化膿等現象，應帶至醫院接受檢查，以確定病情並接受治療。此外，若皮膚搔抓後的傷口，感染葡萄球菌、鏈球菌，將引起更嚴重的潰爛、發炎，甚至導致敗血症，所以應盡早治療。

（二）病情發展

1. 嬰兒期

0~2歲；臉上出現糜爛紅斑，四肢、身軀也會出現疹子。如果即早治療，病情應可控制或痊癒。

2. 兒童期

若嬰兒期病情未獲改善，則在2~12歲之間，發病部位將逐漸呈乾燥狀態，全身大部分的皮膚，變得乾癢且無彈性。

3. 青春期

此時患者發病部位的皮膚將變得更硬、更乾燥，病情嚴重者，還會出現其他合併症。

（三）注意事項

1. 居家與環境

環境要通風，避免使用毛毯、地毯，少接觸小動物及填充玩具，常保居家環境乾淨，使用防塵蟎的枕頭、床單。被單、毛巾也要清洗，曝曬在陽光下6~8小時。窗簾、櫥櫃等跳蚤、塵蟎、蟑螂易躲藏的地方，更應時常清理。

2. 避免大量流汗

活動時避開悶熱的時段，減少劇烈運動，儘量穿著純棉衣物，粗糙、太緊的衣物，容易刺激皮膚、汗水積在皮膚上將造成皮膚炎惡化，大量流汗後，儘快用清水沖洗，再換上吸汗的衣物。

3. 適當的選用清潔劑、保濕乳液

異位性皮膚炎患者皮膚的保護功能欠佳，容易受到一些刺激物或過敏原導致惡化。選用溫和的清潔劑或沐浴精，乳液要不含香精、抑菌劑。

4. 選用透氣、吸汗、寬鬆的材質

粗糙、太緊及羊毛材質的衣物，容易摩擦或刺激皮膚導致惡化，所以穿著宜選用柔軟吸汗的棉質衣物。如果汗濕後最好馬上更換。

5. 飲食方面

若患者吃到某種食物會造成皮膚炎加劇，則減少吃此種食物。刺激性的食物會導致搔癢，食物的控制對此病大有幫助，少吃牛奶、海鮮、蛋、罐頭、香菇、竹筍…等食品。

6. 適當用藥

使用抗生素或是抗病毒藥物治療、適量的抗組織胺或鎮靜劑，會減輕病人的癢感及控制情緒，使病情好轉。

7. 新生兒應盡量餵母奶，可有效降低各種過敏疾病。

二、乾癬

乾癬是一種遺傳性、不具傳染性的慢性皮膚病。臨床表現為紅色斑塊伴銀白色落屑，初期為丘疹，而後逐漸擴大成紅棕色斑塊，周圍有紅暈，表面覆蓋銀白色鱗屑。有時需要皮膚切片檢查及觀察病灶變化，無特殊抽血檢驗可診斷此病。

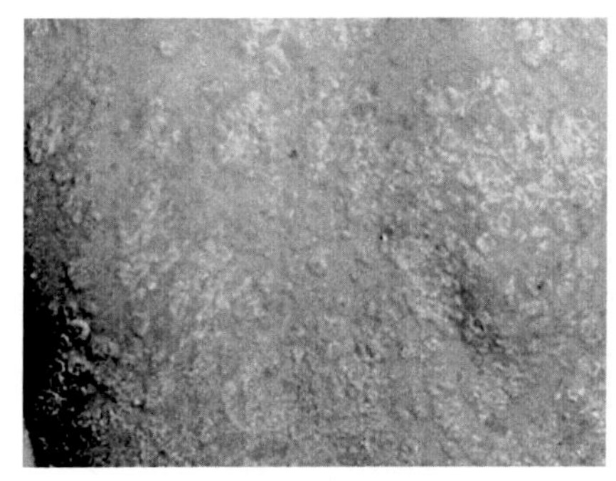

• 圖8-2　乾癬

(一) 患病原因

導致乾癬出現的原因，是自體細胞會釋放出有損皮表的蛋白，使皮膚細胞異常分裂，而造成嚴重的皮膚疾病。疲勞、精神緊張、焦慮抑鬱、脾氣暴躁、睡眠障礙等，會造成皮膚新陳代謝紊亂，讓五臟六腑失調，使免疫力系統功能降低而發病。

(二) 治療方式

1. 口服藥物與保健食品

(1) 減輕癢感的藥物、抑制表皮增生的藥物及維生素A酸等。

(2) 中藥物作用於病變細胞，使皮膚組織恢復元氣與執行功能。強化五臟六腑的機能，增進免疫抵抗力。

(3) 可補充增強免疫功能的保健食品，如：冬蟲夏草、蜂膠、綜合維生素。

▍美容保健小常識

醫學上曾有研究提出素食、魚油、低蛋白飲食、新鮮蔬果對乾癬有益。

2. 外用藥物（塗抹或浸泡）

(1) 保濕止癢劑。

(2) 焦油、水楊酸、維生素D…等。

3. 照光療法

(1) 日光。

(2) 紫外線A及B。

（三）注意事項

1. 飲食習慣

應減少攝取酸辛辣、酒類、蘿蔔、芒果、蝦子、鴨肉、鵝肉等，而紅肉因含花生油酸，可能引起發炎物質，不利於乾癬。

2. 生活作息

勿暴飲暴食，防止過度勞累、情緒不穩、壓力大、熬夜等，並且避免讓皮膚處於低溼度、低溫的環境，也不可使皮膚太乾燥、過度清洗，更要避免皮膚傷害，如：抓癢、曬傷…等。

3. 藥物使用

避免使用四環黴素、降血脂藥、干擾素及抗瘧疾等藥物。

三、蕁麻疹

蕁麻疹又名風疹塊，是一種奇癢難耐的皮膚疾病，患者的臉上、身上或四肢常會長出紅腫且癢的皮疹塊，越抓越癢及腫。也有的人併發呼吸困難，咳嗽、臉紅、頭痛、低血壓等。臨床表現的方式有小紅點、紅斑、膨疹。膨疹通常是其癢無比的，急診中常見的皮膚病就是急性蕁麻疹。

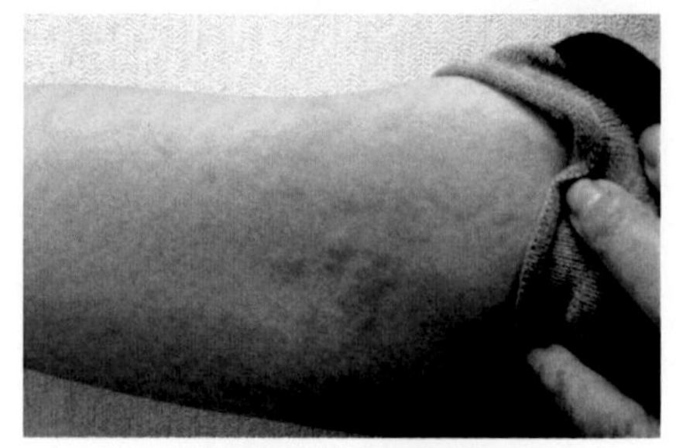

• 圖8-3　蕁麻疹

疹子會持續數分鐘或數小時，但通常不會超過24小時，發作次數從每天數次到數天一次不等。經過適當的治療，並避免吃到過敏的藥物或食物，急性蕁麻疹通常多半會在一週內改善。

（一）患病原因

蕁麻疹造成的原因有，身體對某些刺激產生過敏，如：昆蟲叮咬、動物的皮、毛屑、花粉、注射血清、腸寄生蟲感染等。有過敏體質者，如果吃到食物過敏原（食品添加劑、蛋、牛奶、蝦、蟹、核桃、菇、筍）可能發生急性蕁麻疹。如果皮帶或襪子的鬆緊度過緊，使皮膚受到刺激也會引發蕁麻疹。

（二）保健方法

1. 飲食習慣

(1) 多吃蔬菜水果或補充維生素C（檸檬、柳丁、奇異果、草莓）與維生素B群（糙米、豬肉、豬肝、蛋黃、豆類、牛奶、酵母）。

(2) 少吃花生、巧克力、油煎、油炸、辛辣的食物，因為易引發體內的熱性反應。

(3) 避免吃有人工添加物成分的食品。

(4) 多攝取鹼性食物，如：蕃茄、胡蘿蔔、香蕉、橘子、綠豆…等。

2. 生活作息

(1) 多休息，勿疲累。

(2) 適度的運動。

3. 治療方式

(1) 勿熱敷及處於過熱環境，因為熱會引起血管擴張，釋放出過敏原，例如使用過厚的棉被悶熱可能造成蕁麻疹惡化。

(2) 晚上癢的失眠時，可加酸棗仁等鎮靜安神寧心的藥物或使用冰敷來緩解搔癢感。

(3) 口服抗組織胺是重要的治療方法治療，現在的抗組織胺多半已不會有嗜睡的副作用。比較嚴重的患者，醫師還會加開短期類固醇來改善症狀。

(4) 應遵從醫師指示，按時服藥，不可因病情稍有改善即擅自停藥或減藥。

(5) 剪短指甲，避免搔抓，以免皮膚損傷，導致蕁麻疹惡化及感染。

四、富貴手

富貴手又稱「主婦濕疹」，是一種手部濕疹，其生成原因主要在於本身的膚質較為敏感，經反覆的刺激，而導致手部乾燥、脫皮、指紋消失，尤其在冬天更容易加重惡化。不只是家庭主婦好發，它也會發生在一些常要接觸水、刺激性物質工作的人身上，如：從事餐飲業人士、護士、美髮師…等。身為母親在寶寶出生之後，為了照顧小孩，換尿布、洗澡、刷奶瓶、煮飯、洗衣服，這些家庭瑣事，因此接觸水、刺激性物質的機會增加許多，也就增加富貴手產生的機會。

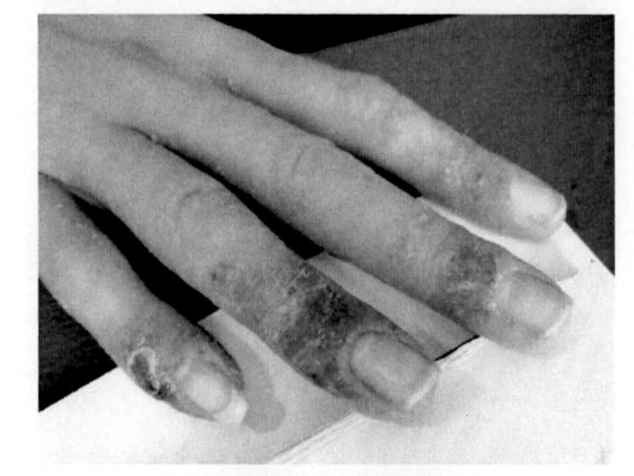

• 圖8-4　富貴手

圖片來源：THE TCM Skin Clinic網站：http://www.effective-skin-treatment.com/blisters-on-hands.html

(一) 患病原因

日常生活中或是工作上的刺激物質皆可能產生富貴手。這些物質包括洗潔劑（如漂白水、洗衣粉、洗碗精、香皂等）、食物（如：蔥、蒜、辣椒、檸檬、葡萄柚、馬鈴薯、生肉、海鮮…等）及汽油、酒精等。屢次接觸水，會使得皮膚更容易被刺激物質滲透，尤其手濕了再擦乾的反覆過程中，會改變皮膚的保護功能，讓原本乾燥時不會傷害皮膚的物質，於此時進入皮膚造成刺激。

(二) 護手妙方

1. 避免皮膚受到刺激

接觸刺激物或遇到要碰水的場合如：洗衣、洗碗…等一定要戴防水手套。盡可能買聚乙烯製品，尤其對橡皮材質的手套會起過敏反應的人，手套裡可再加一層棉紗手套，以免手被汗浸濕。

2. 保濕與潤滑

每天晚上睡前做完家事，塗上護手膏，再戴上棉紗手套入睡，可以增加手部皮膚的保濕能力與潤滑效果。治療富貴手重要的一環，即是如何保護手部的皮膚，只要發生過一次富貴手，約需4、5個月後才能復原，若不好好地保養手，稍有鬆懈，又會造成富貴手復發。

3. 依醫師指示使用藥膏及護手膏

塗抹護手膏的目的是補充被洗掉的油脂，護手膏成分常見的有礦物油、凡士林、維生素E、蘆薈，只要覺得手乾燥的時候，就立刻塗抹，隨時保持手部滋潤及協助修護。

4. 常戴手套

天冷出門或騎摩托車最好戴手套，以避免手乾裂、脫皮。

美容保健小常識

有些皮膚疾病發生在手部，表現與富貴手類似，如：汗皰疹、手癬、濕疹，發生原因、治療方式卻與富貴手不同，富貴手常合併發生甲變型症，常被誤認為灰指甲，若有疑問，最好給皮膚科醫師檢查，以免造成症狀惡化。患者需注意皮膚科醫師雖可使用藥物來促使濕疹痊癒，但並不能改變病患的體質，使其手的皮膚對刺激物抵抗力加強，所以治療富貴手需減少手部的皮膚繼續受到刺激，才能達到立竿見影之效。

五、脂漏性皮膚炎

脂漏性皮膚炎是指油脂分泌旺盛區域反覆發作的皮膚炎，脂漏性區域包括皮脂腺分布較多的部位如：頭皮、鼻側、嘴邊、耳朵，症狀是皮膚發紅、脫皮、頭皮搔癢、頭皮屑呈現大塊落屑，症狀嚴重時可能會大量掉髮。剛出生的嬰兒皮脂腺分泌較旺盛，因此發生率高。脂漏性皮膚炎與遺傳、體質有關，可以治療控制，但不易完全治癒。

• 圖8-5 脂漏性皮膚炎

(一)患病原因

皮膚上皮屑芽孢菌的感染，是引起發病的重要原因。生病、月經、熬夜、不穩定的情緒、壓力、作息不規律，都可能會加重症狀；免疫功能不全也容易發病，食用過於油膩、酒類等刺激性食物，會使得症狀加劇。

(二)治療方式

1. 洗髮精選用

可使用含有茶樹精油的洗髮精，按摩頭部皮膚，再以清水沖洗，每天洗髮使用，植物精油的洗髮精或口服抗組織胺也有助於控制搔癢的症狀。

2. 類固醇

消炎方面，以類固醇最有效，但不宜長期使用。

3. 注意保濕

避免酒精性的化妝水，因為易造成皮膚乾燥。擦保濕乳液或精華液，可以減緩症狀。

4. 飲食習慣

飲食上要避免辛辣、刺激性以及含咖啡因(咖啡、茶葉、可樂)的食物。採清淡均衡的飲食，避免太油膩的食品、香辛料及酒。

六、濕疹

濕疹的症狀為皮膚潮紅、長疹子、水泡、脫皮、急性期皮膚濕黏，轉成慢性後，皮膚較乾燥、粗糙、有鱗屑的變化。濕疹好發於季節變化、濕度改變、空氣汙染嚴重，濕疹也和體質有關，有異位性皮膚炎、脂漏性皮膚炎，也易好發濕疹。濕疹容易出現在耳朵後面、脖子以及有皺折彎曲的地方。

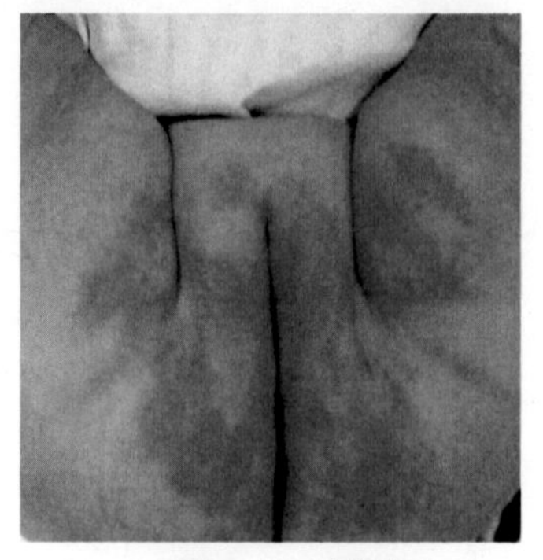

• 圖8-6　濕疹

任何年齡都可能患濕疹，嬰兒濕疹多發生在嬰幼兒和青少年，嬰幼兒期濕疹一般生長於面並有濃液水泡，兒童期後症狀轉為乾苔癬皮疹症狀。一兩歲時，主要影響頸，肘內側、膝頭後方、腳跟等。小兒濕疹有遺傳的傾向，時常都多於一種的過敏，如：哮喘、鼻過敏…等；盤狀濕疹會起錢幣狀的紅斑、有膿水滲出，大多出現在成人。有些老年人會罹患脂溢濕疹，引起皮膚乾燥、起鱗屑。體內酸鹼不平衡：體質偏酸性、排毒及排便不正常、長期過度疲勞造成免疫功能減低亦會引發濕疹。

（一）患病原因

中醫則認為濕疹與「濕」有關，內因性的濕稱為內濕，是指胃腸功能不佳，食物不能充分消化吸收，形成濕濁之氣，鬱而化熱。急性濕疹多屬「濕熱」型患者，患部皮膚發癢、水泡滲液、脫皮。慢性濕疹則為「脾虛夾濕」型，皮膚暗淡、滲液少、結痂浸潤的斑片。

（二）保健方法

1. 飲食習慣

(1) 應少吃冰冷食品，可利用中藥來健脾、化濕、活血、清瀉。

(2) 鹼性食療：大量蔬果或素食。

2. 皮膚保溼與保養

(1) 擦乳液保濕外，也要多喝水。

(2) 應避免各種刺激皮膚的因素，例如搔抓。

(3) 勿用鹼性強的肥皂或過熱的水洗浴。

(4) 不要讓陽光直曬著患濕疹的地方。

3. 藥物使用

醫生會開止痕止過敏的藥（抗組織胺類）或和藥膏（適量的類固醇）。

七、痱　子

（一）患病原因

痱子是汗腺排出不順所引起的疾病，容易發生在夏天高溫高濕度的季節。特別是嬰兒，汗腺功能發育不完全，排汗功能較差，一旦汗液排出不順暢時，汗腺在皮膚表面的開口暫時阻塞，將導致汗腺周圍發炎而形成痱子（紅汗疹），長痱子的情況易發於四肢彎曲側、脖子、腋下、鼠蹊、前胸、背部等。皮膚布滿紅色丘疹，有刺癢感。膿包性痱子因搔抓破皮，可能導致細菌、念珠菌感染或惡化形成膿腫。

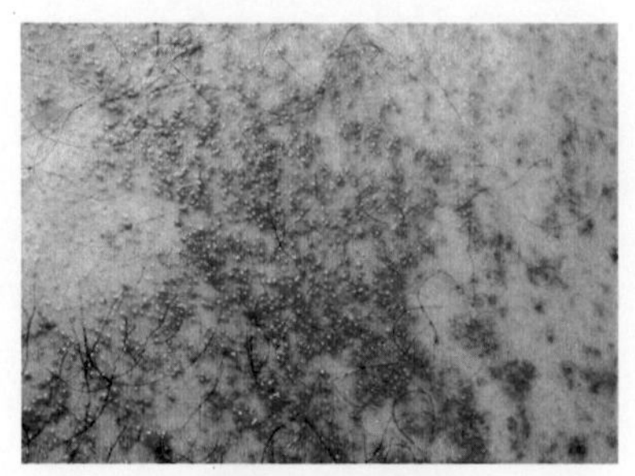
• 圖8-7　痱子

（二）治療方式

1. 飲食習慣

(1) 每天服用維生素C，可以預防長痱子。

(2) 多喝開水來協助新陳代謝及排汗。

(3) 喝綠豆湯、薏仁湯、菊花茶，有涼補之效，可改善溼熱體質。

2. 皮膚保養

(1) 穿輕柔吸汗而通風、寬大柔軟的衣服，如：棉織品。

(2) 洗澡水不要太熱。

(3) 保持環境的涼爽與空氣通暢。

(4) 用蒲公英煮水後洗澡，對痱子有殺菌解毒效果。

3. 藥物使用

(1) 使用具清涼、收斂效果的痱子粉或痱子膏擦拭患部。

(2) 治療藥物可外用抗組織胺止癢。

(3) 擦拭薰衣草精油可抑菌、止癢及保持肌膚乾爽。

(4) 用苦參、皀刺、地膚子、白蒺藜這四種藥草，放在藥包裡加水煎煮，洗澡的時候，把藥汁倒到澡盆裡加水混合，可減輕症狀。

八、接觸性皮膚炎

（一）患病原因

接觸性皮膚炎是常見的疾病，依照發生的機會可以分為兩大類，一種是刺激性的接觸性皮膚炎，另一種是過敏性的接觸性皮膚炎，是經由T一淋巴球引發免疫所產生的皮膚炎，並不是每一個人都會罹患這種皮膚炎，只有特殊體質的人才會發生。前者是使用不適當的物品急性或是慢性刺激而來的；後者則是因為自己本身的特異性體質而發生過敏的現象。

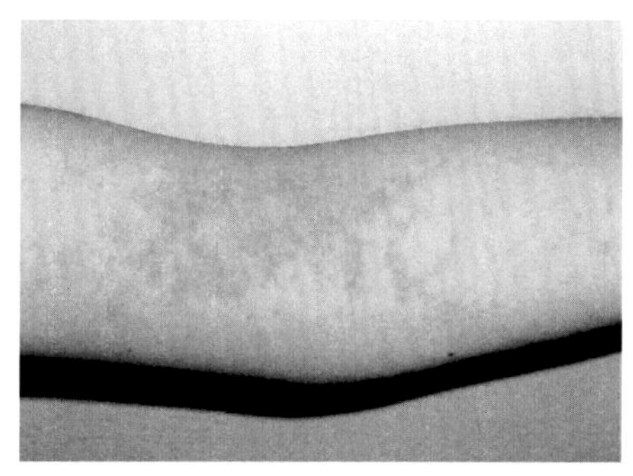

• 圖8-8　刺激性的接觸性皮膚炎

（二）治療方式

1. 找出致病接觸源。
2. 早期治療，可以避免不必要的併發症。
3. 避免接觸刺激性和過敏性物質。
4. 保護裝備。
5. 口服、外用藥物。
6. 加強傷口照顧。

九、骨質疏鬆症

（一）骨質疏鬆症的定義

世界衛生組織(WHO)公布骨質疏鬆症(Osteoporosis)的定義為：

「一種因骨量減少或骨密度降低而使骨骼微細結構發生破壞的疾病，惡化的結果將導致骨骼脆弱，並使骨折的危險性明顯增高。」

（二）骨骼細胞

骨髓內之單核細胞，經過活性維生素D_3及細胞介質而產生破骨細胞。造骨細胞受多種激素、生長因子影響。為了增加骨質、骨徑，造骨細胞或破骨細胞各自在骨骼之不同面分別合成或移去骨質。人體的骨骼會隨著發育而變得強韌，通常20歲左右骨質強度會達到最高峰。

（三）骨質疏鬆症的成因

鈣質或維生素D、B、B_{12}、K、乳酸等缺乏、吸收不良、缺乏運動及久坐不動的生活型態、副甲狀腺機能亢進、早期停經婦女、日曬不足、飲食偏高蛋白等會造成骨質疏鬆症。

骨骼隨著歲月的增加，而漸漸變得單薄、脆弱。大約從30~35歲，人的骨質量便開始減少，女性骨架及骨質量比男性小，患病的機會較高，更年期之後，雌性激素分泌停止，骨質流失加速，再伴隨身體老化，從飲食中吸收鈣質能力下降，而造成女性比男性高4倍的罹患率。雖然骨質流失是屬於正常老化過程中的一部分，若得了骨質疏鬆，因為骨骼的強度、密度太低，導致易發生骨折。骨質疏鬆症患者最容易發生骨折的部位是髖部、手臂—通常在腕部上方，以及脊椎。發生在脊椎部位的骨折，稱為脊椎骨折。髖部骨折是最嚴重的骨質疏鬆性骨折，它通常由於跌倒引起，一般需要外科手術，手術會給病人帶來許多痛苦和併發症，術後只有少數病人能夠完全恢復至骨折前的水準。

（四）年齡與骨質疏鬆症的關係

人類發展之過程在幼童期時骨骼發育的速度十分迅速，到青少年仍持續成長，但35歲以後，骨質密度會逐漸走下坡，停經期時，因內分泌改變使骨骼變脆弱，到老年期時，若有骨質疏鬆症傾向，則易發生骨折。

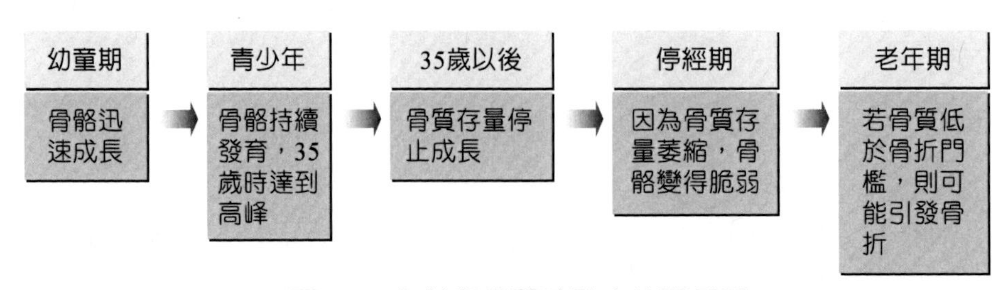

• 圖8-9　年齡與骨質疏鬆症的關係圖

圖片資料來源：中華民國骨質疏鬆症學會

（五）骨鈣質密度之測量

1. 單光子吸收儀(Single-photon absorptiometry)

單光子吸收儀對於年紀超過70歲以上之第二型骨質疏鬆症者，皮質骨和小樑骨的測定較為有用。

2. 雙光子吸收儀(Dual-photon absorptiometry)

雙光子吸收儀可測定脊柱及髖骨密度，操作須20分鐘。

3. 脊柱的電腦斷層攝影(Computed tomography of the spine)

脊柱的電腦斷層攝影對病患輻射量約100~500mrem，以電腦斷層測定脊柱骨質密度的敏感度為83%。

（六）骨質疏鬆症的症狀

早期無明顯的症狀，直到骨折方知患此症，患者通常有全身骨痛、無力，最常見於腰部、骨盆、背部區域，疼痛逐漸加劇的症狀。晚期骨質疏鬆症易發生駝背、脊椎骨折後身高明顯變矮，每一次脊椎骨折，身高約減少1公分、脊椎側彎、關節變形。

（七）治療方法

1. 避免舉重的東西。
2. 多運動
   (1) 加強戶外活動。
   (2) 散步、慢跑、跳繩、跳舞、健康操、太極拳、游泳等為宜。
   (3) 每週至少運動3次，每次30~60分鐘。
3. 不吸菸、不酗酒、適度日曬。
4. 藥物治療
   (1) 雌性素(Estrogen)、抑鈣素(Calcitonin)使骨質流失的速度減緩。
   (2) 氟化物、二磷酸酐類藥物(Bisphonate)。

(3) 選擇性雌激素受體調節劑(SERM)的出現令治療骨質疏鬆症有嶄新突破，能為更年期後的婦女提供更安全而有效的治療，同時卻不會出現荷爾蒙補充療法所引起的危險（如：乳癌）。

5. 注意飲食

(1) 增加鈣質：如小魚乾、吻仔魚、蝦皮、豆腐、黃豆、海帶、紫菜、芝麻、深綠色蔬菜…等食物，見表9-1。

(2) 增加維生素D：牛奶、蛋黃、沙丁魚、肝臟、魚子醬、魚肝油、乳油。

(3) 洋蔥及其他不同的蔬菜能有效減低骨骼的礦物質流失。

表8-1 國人常吃食物鈣含量表（毫克鈣 / 100克）

鈣含量（毫克鈣/100克）	食物
<50	麥、小米、玉米、稻米、麵食、菜豆、馬鈴薯、苦瓜、茄仔、筍、蘿蔔、辣椒、芋、胡瓜、甘薯、豆漿、牛肉、鴨肉、雞肉、蟹、豬肉、內臟、鯉魚、魚丸、白帶魚、虱目魚、吳郭魚、蛙、九孔、柑、蘋果、葡萄、香蕉、楊桃、香瓜、梨、鳳梨、文旦、西瓜
50~100	紅豆、碗豆、蠶豆、花生米、瓜子、魚肉鬆、豆腐、蛋類、烏賊、蝦、蚵、魚翅、綠豆、紅棗、黑棗
100~200	營養米（加鈣米），杏仁、皇帝豆、芥藍菜、刀豆、毛豆、脫脂花生粉、豆干、臭豆腐、油豆腐、蛋黃、鮮奶、鹹河蟹、鮑魚、香菇、刈菜、橄欖、花豆、油菜
200~300	黑豆、黃豆、豆皮、豆腐乳、豆豉、鹹海蟹、蚵干、蛤蜊、莧菜、高麗菜干、木耳、紅茶、包種茶、健素、竹豆
300~400	海藻、勿仔魚、九層塔、金針、黑糖、白芝麻
>400	頭髮菜、黑芝麻、豆枝、紫菜、田螺、小魚干、蝦米、乾蝦仁、小魚、鹹菜干

參考資料

Center for Disease Control (1998).Guideline for infection control in health care personnel. American Journal of Infection Control, 26,189~236.

Stegman, S.J.(1990).Cosmetic Dermatologic Surgery. Year Book Medical Publishers, Inc. Chicago.

于祖英，2005，實用公共衛生護理學，台中：華格那。

中華民國骨質疏鬆症學會，2008，骨質疏鬆症，取自http://www.toa1997.org.tw/index.php?page_id=9bf31c7ff062936a96d3c8bd1f8f2ff3&mod=bulletin_edit&id=34

彭育成，1987，健康小常識，台北：遠流。

劉力幗，2008，自己做醫師，台北：合記。

本章作業

是非題：

1. ( ) 異位性皮膚炎易合併有血清免疫球蛋白(IgA)升高。
2. ( ) 素食、魚油、低蛋白飲食、新鮮蔬果對乾癬有益。
3. ( ) 急性蕁麻疹通常多半會在一周內改善。
4. ( ) 脂漏性皮膚炎是一種慢性會再發的皮膚炎與遺傳、體質無關。
5. ( ) 體質偏酸性、排毒及排便不正常亦會引發濕疹。
6. ( ) 消炎方面，以類固醇最有效，但不宜長期使用。
7. ( ) 有過敏體質者，如果吃到食物過敏原（蛋、牛奶）可能發生急性蕁麻疹。
8. ( ) 晚上癢得失眠時，可加酸棗仁等鎮靜安神寧心的藥物或使用熱敷來緩解搔癢感。
9. ( ) 有些皮膚疾病發生在手部，表現與富貴手類似，如：汗皰疹、手癬、濕疹。
10. ( ) 生病、月經、熬夜、不穩定的情緒、壓力、作息不規律，都可能會加重脂漏性皮膚炎症狀。

選擇題

1. ( ) 關於痱子的描述何者為非？ (A)每天服用維他命D，可以預防長痱子 (B)皮膚布滿紅色丘疹 (C)前胸、背部，是好發處 (D)多喝開水來協助新陳代謝及排汗。
2. ( ) 以下何種情況會造成骨質疏鬆症？ (A)久坐不動的生活型態 (B)早期停經婦女 (C)飲食偏高蛋白 (D)以上皆是。
3. ( ) 何者非護手膏成份常見的成份？ (A)礦物油 (B)滑石粉 (C)凡士林 (D)維他命E。
4. ( ) 何者非產生富貴手的刺激物質？ (A)漂白水 (B)辣椒 (C)蘋果 (D)檸檬。
5. ( ) 有過敏體質者，如果吃到何種食物過敏原，可能發生急性蕁麻疹？ (A)牛奶 (B)鴨肉 (C)魚 (D)以上皆是。

6.（　）鈣含量＞400毫克，何者為非？ (A)芝麻 (B)牛肉 (C)紫菜 (D)小魚干。

7.（　）骨質疏鬆症應多做何種運動？ (A)散步 (B)游泳 (C)健康操 (D)以上皆是。

8.（　）每天服用何者，可以預防長痱子？ (A)維他命A (B)維他命B (C)維他命C (D)維他命D。

9.（　）脂漏性皮膚炎飲食上何者為非？ (A)食用含咖啡因的食物 (B)避免太油膩的食品 (C)避免辛辣 (D)採清淡均衡的飲食。

10.（　）何者有涼補之效，可改善溼熱體質？ (A)綠豆湯 (B)薏仁湯 (C)菊花茶 (D)以上皆是。

問答題

1. 異位性皮膚炎的病情發展為何？

2. 乾癬要如何治療？

3. 蕁麻疹要如何保健？

月經週期保健

陳惠姿 編著

一、月經週期與影響

二、月經問題與經痛治療

三、經痛期間的養生保健

四、月經週期的皮膚保健

一、月經週期與影響

（一）月經週期

月經週期(Menstrualcycle)，是女性生理上的循環週期，青春期時受荷爾蒙變化影響，第二性徵明顯，成為成熟女性之準備，女性初潮時的平均年齡為12歲。遺傳、飲食、生活作息、運動狀況與身心健康等等多方面因素，可以使初潮提前或者延後到來。月經的停止意味著女性已經進入更年期。

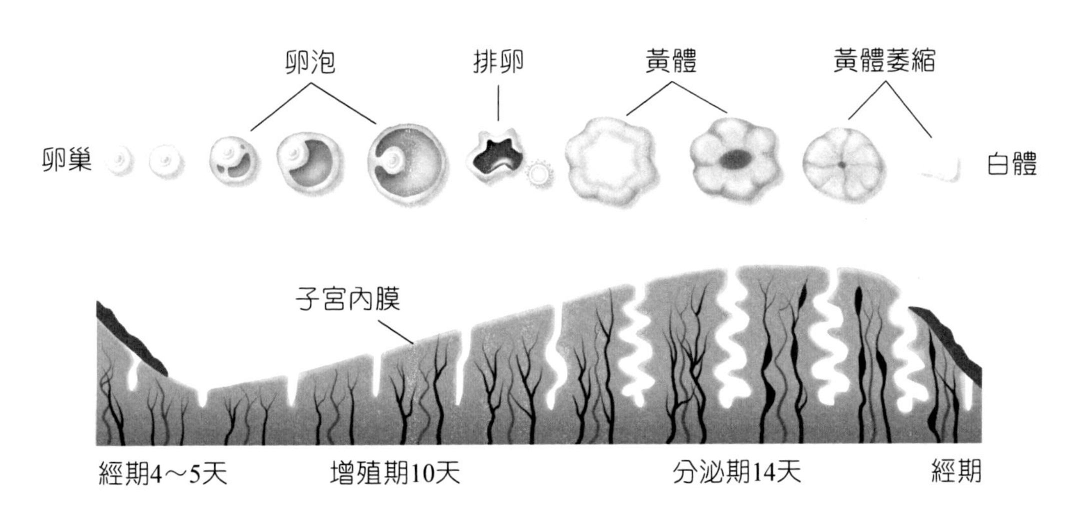

● 圖9-1　月經週期變化圖

月經週期因人而異，一個女性的最長週期減去最短週期結果在8天以內的都為正常。一般來說，**月經週期可分為三個階段：增殖期、分泌期和經期**。

月經來潮由於血液的流失，為了避免缺鐵，女性對飲食攝取鐵的需求量較男性為高。女性應多補充含鐵食物，如：蘋果、菠菜、豬血等。在排卵期有時會感到痛苦稱為經間痛，會持續幾個小時左右。少女超過18歲尚未初潮，以及體脂肪含量過低的女性，容易有閉經情形。

（二）內分泌對月經週期之影響

範圍廣大、錯綜複雜的內分泌系統控制著月經。下丘腦、腦垂體及卵巢，這三個系統之間互相影響。卵泡使子內膜成熟，提供合宜的回饋給下丘腦和腦垂體，調控子

宮頸分泌的黏液。腦垂體調節的性激素，其中卵泡刺激素和黃體刺激素占主控因素。卵泡刺激素能刺激卵巢中不成熟的卵泡生長，黃體刺激素引發排卵。

二、月經問題與經痛治療

月經相關的問題時常困擾著多數的婦女，並且也是婦產科門診求診占大部分之原因。特別是現代女性家庭及工作雙重的壓力，而容易造成月經失調。月經量過多(Menorrhagia)病因包括：子宮肌瘤、子宮肌腺瘤、凝血機能不良、甲狀腺機能異常、慢性子宮炎、子宮內避孕器。規則的月經週期不一定有正常的排卵，因此要配合醫師才能有正確的診斷與治療。不正常月經週期常會有排卵功能的障礙，所以需治療排卵來使週期恢復正常。

若規律月經週期後，發生月經突然停止，除懷孕外，很可能是卵巢功能失常，或荷爾蒙異常，如：泌乳激素過高、甲狀腺素過高或過低都會抑制排卵。

美容保健小常識

(1) 月經量太少：可能是卵巢功能不足。吃避孕藥的副作用，或者是骨盆腔發炎，或經歷過流產刮宮手術，都會造成經血不易排出。
(2) 月經量太多：則要注意骨盆腔的病變，如：子宮肌瘤、子宮內膜異位、子宮頸癌、子宮內膜癌的發病可能。

(一) 經痛和經前症候群

經痛和經前症候群都是女性常見的困擾，此與荷爾蒙變化有關，罹患經前症候群的女性，會在月經來潮前，有顯著的情緒改變，或是生理上的不適，因為雌激素的影響，身體和心理也隨之起伏不定，從經前症候群的發生，月經來前的一週左右，有焦慮不安、易怒、情緒緊張，或體重上升、水腫等現象；有些婦女，會因經前症候群而影響日常生活作息。經痛是由子宮痙攣性收縮造成的，經痛時常伴著其他的症狀，

如：嘔吐、頭痛、疲倦、胸部漲痛、四肢冰冷、腹瀉等。大約30~60％的育齡婦女都有經痛的情況，痛經是女性向學校或是公司請假最常見的原因。依據勞基法規定女性員工每月可請一天的生理假，以得到適度的休息及調養。

1. 原發性經痛

發生原因為內分泌失調，前列腺素過多令子宮肌肉劇烈收縮，而使肌層產生間歇性缺血及缺氧，進而引發經痛。此外於排卵後，雌激素和黃體激素增加，促進前列腺素的合成也會增加痛經的機率；體質、遺傳及子宮的發育或位置也與痛經有關。

2. 次發性經痛

由骨盆病變所引起的經痛，原因包括：子宮內膜異位症、子宮腺肌瘤、骨盆腔黏連，約20幾歲才出現經痛的症狀。

（二）月經週期保健法

女性月經的變化是許多疾病的徵兆，如何找出潛藏的要因，再針對個人的症狀給予治療，是每一位健康照護團隊成員以及婦女們必須謹慎面對，而且也是不可輕忽的重要環節。

月事結束後為能量重建的時刻，若調理適當，荷爾蒙分泌得以平衡，能量系統就能維持良好狀態，婦女因月經週期而使內分泌的情況不同，針對自己特殊的皮膚狀況敷臉、補強。如：排卵期，新陳代謝增加，黑色素代謝功能強盛，這時進行肌膚美白，會有不錯的效果；經期前一週常會引起經前症候群，此時內分泌不平衡，體內氣血不安穩，皮膚出油量高、角質層肥厚、黑色素活躍，則要採取適當的清潔與卸妝，加強油脂調理與角質代謝步驟，很多人會在下巴、嘴巴附近容易引起「月經痘」。

排卵後一週，不管在情緒上或皮膚上都呈現不穩定的情況，皮膚的油脂與黑色素的分泌量在此階段開始上升。此時，要注重適當的清潔、角質代謝、加強防曬，以免產生粉刺、痘痘、暗沉與斑點問題。飲食上減少刺激性、油膩的食品，維持正常作息避免熬夜，以免刺激皮膚分泌更多的油脂與黑色素。

月經來臨的一週，皮膚顯得乾燥、容易敏感、缺乏光澤。除了加強保溼、滋潤保養，減少使用刺激性強的保養產品之外，溫和的運動、補充適當的鐵質、蛋白質。月

經期間記得要保持外陰部的清潔，以便減少感染的機會。保持身體暖和將加速血液循環，並鬆弛肌肉，尤其是痙攣及充血的骨盆部位，應多喝熱水，也可在腹部放置熱敷袋或熱水袋、暖暖包熱敷，可溫暖子宮，減輕經痛。

月經期的自我照護，所用的衛生棉要乾淨，並適度更換，約2小時左右更換，以防感染。經期不可洗盆浴，要洗淋浴，以免不乾淨的水及汙染物進入陰道，且禁止性生活，以免造成感染。

美容保健小常識

月經期間應避免劇烈運動，如：長跑、游泳、搬重物等，也應避免過度勞動。

缺乏必須脂肪酸和維生素B群（特別是維生素B_6）與經前緊張綜合症有關。低脂肪的蔬果、素食及清淡飲食，能夠有效的減輕經痛。深為經痛或經前症候群所苦惱的女性，除藥物治療之外，再加上飲食控制及補充鈣片，會有明顯改善之效。在食用高「鈣」食品期間，經期疼痛症狀（腹痛及背痛）明顯減輕。

蔬菜、水果、穀類中含有豐富的維生素、礦物質及重要之植物性化學成分、酵素，具有抗氧化功效，可以消除漲氣，促進腸胃蠕動，保健身體達到自然的健康美，也可使血液呈鹼性，減少精神不佳的狀況。

保健食品方面若補充含有次亞麻油酸（魚油、亞麻仁子油或月見草油）因有平衡前列腺素的作用，也可達到緩和疼痛的效果。

（三）經痛治療方式

1. 原發性痛經的治療

可服用止痛藥(Aspirin、Ibuprofen)的作用就是抗前列腺素，抑制發炎。或口服避孕丸來減少排卵後產生的前列腺素。

2. 繼發性痛經的治療

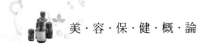

如：手術治療子宮內膜異位症，或用賀爾蒙相關藥物，以抗生素治療慢性盆腔炎。適度運動可促進血中腦內啡(Endorphins)的增加、喝熱湯、減少寒性及冰冷食物或局部熱敷腹部，也有改善之效。

3. 紓緩經痛的保健方法

女性在經痛期間，除了使用藥物性的治療，還有許多保健方式，如：足浴、食補、藥草的調理…等。這些保健方法，大多是促進血液循環，使身體及子宮能夠保暖，減少經痛所帶來的不適及氣血不佳，加上適度的休息及維生素的補充，可以減少藥物的治療並達到健康的功效。

美容保健小常識

減輕經痛足浴

1. 材料：益母草、乳香、紅花、香附。
2. 效用：促進血液循環、調經止痛。
3. 方法：
   (1) 將藥材以紗布包好。
   (2) 以1000c.c.冷水浸泡25分鐘後加熱至80℃。
   (3) 將藥汁倒入足浴盆內，和冷水調至40℃。
   (4) 經痛時足浴浸泡20分鐘。

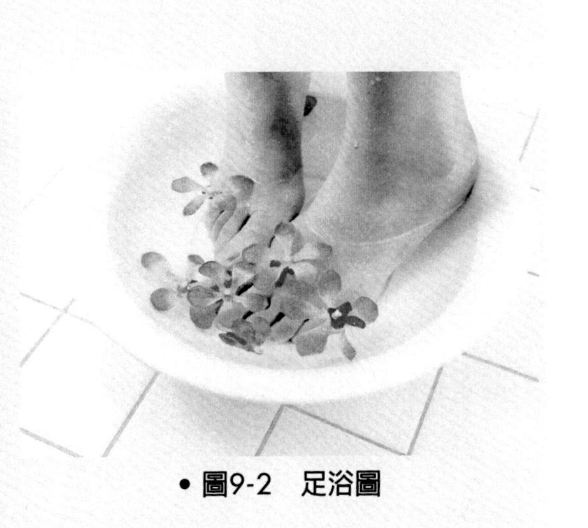

• 圖9-2　足浴圖

三、經痛期間的養生保健

(一)藥/草功效與調理

表9-1　中西藥草緩解經痛功用

中西藥草	功用
薑	促進血液循環、祛寒、腸胃蠕動
當歸	鬆弛肌肉、降低組織發炎
迷迭香	抑制雌激素、減少經痛
桃仁	含抗凝血物質、活血行瘀、通經止痛
山楂	促進收縮子宮，排除經血
小茴香	排除漲氣，減輕疼痛、溫經散寒
益母草	降血壓、滋陰養血、預防血崩
陳皮	消除漲氣、生津舒鬱、調中、理氣
紅花	養血、通經散瘀止痛，改善血虛和血瘀性經痛
黑豆	利水下氣、消腫止痛、補腎益陰、除熱解毒

女性在月經經期前後，食補和藥補的調理是不可或缺的，中西藥草各有其減緩經痛、補氣補血的功效（表9-1），以下略舉數種藥/草，皆有其調理女性生理的不同功效。

1. 枸杞

甘平無毒，功效是滋補肝腎，強壯筋骨，益精明目，潤肺止渴。

• 圖9-3　枸杞

2. 黃耆

甘，微溫。歸肺、脾經。生黃耆具有補氣固表、利尿、脫毒排膿、斂瘡生肌的功能。

• 圖9-4　黃耆

3. 紅棗

味甘性溫、脾胃經，有補中益氣，養血安神，緩和藥性的功能。

• 圖9-5　紅棗

4. 當歸

味甘辛，性溫，功用在補血，能促進血液循環，調經止痛，潤燥滑腸。血虛血滯所致的月經不調，經痛、經閉，各種調經方法皆離不開一味當歸。產後血瘀腹痛，跌打損傷瘀血腫痛，血虛慢性風濕痺痛皆適用當歸來養生。

• 圖9-6　當歸

美容保健小常識

調經補血茶

1. 材料：枸杞、黃耆、紅棗、當歸
2. 作法：
   將材料洗淨，放入電鍋內鍋，加500c.c.的水，外鍋加150c.c的水，過濾藥材，即可飲用湯汁。
3. 效用：調經止痛、活血補血。

5. 肉桂

味辛、甘，性熱。肉桂有溫補腎陽、溫中逐寒、宣導血脈的作用。

• 圖9-7　肉桂

6. 薑

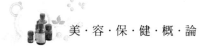

性溫、味辛而香。在醫藥上有發汗、解熱、除風的藥效，用途甚廣。食用生薑對人體有很多好處，能減輕疲勞，預防治療血栓、降血壓，胎寒腹痛、經痛、產後痛，並預防風寒感冒，在懷孕時喝薑茶可預防孕吐。

• 圖9-8　薑

(二)女性的好朋友－紅糖

以紅糖加薑熬煮溫飲，可緩解女性經痛。有祛風寒、緩解感冒咳嗽之症。紅糖燉黑棗、木耳也有補虛強身之功效。剛生完小孩的孕婦喝紅豆加紅糖煮的紅豆湯，有補血去毒的功效。

適量生吃紅糖也有補血、養肝的功效，有肝臟疾病的人，可在飲食中加適量的紅糖，可增加肝醣的貯藏，有利於肝細胞的康復，而提高肝臟的解毒能力。

(三)緩解經痛－精油

精油的功效很多，使用精油按摩，可改善手腳冰冷、減輕經痛之情形。不同的精油有不同的療效，可以針對自我的生理症狀，選擇不同的精油來加強保健身體。

1. 肉桂精油

中樞性和末梢性擴張血管作用，能增強血液循環；鎮靜、鎮痛、解熱、抗菌。

2. 薑精油

促進血液循環、紓解肌肉疼痛、舒緩經痛、舒緩偏頭痛…等。

3. 玫瑰天竺葵精油

玫瑰天竺葵全株散發濃烈的玫瑰香氣，生性強健栽培容易。玫瑰天竺葵精油可促進細胞生長、殺蟲、收斂、軟化皮膚、收縮血管。芳香的葉片可以製作果醬、糖漿、飲料，也可以添加於蛋糕或用於廚房烹調。

• 圖9-9　天竺葵

4. 快樂鼠尾草精油

• 圖9-10　快樂鼠尾草

顏色透明、無色、無味，愉快而激勵人精神的堅果香氣。快樂鼠尾草精油的功效如下：

(1) 治療經前症侯群、緩解女性經期的不適症候群、改善無月經症、子宮內膜異位、生產後調理。
(2) 更年期後的熱潮紅、冒汗情況之減輕。
(3) 有益於神經、呼吸系統，治療水腫型肥胖症及不孕症。
(4) 抗感染、改善皮炎、濕疹，治療粉刺，化瘀血及毛孔粗大。
(5) 令人振奮，擺脫躁鬱症。

5. 玫瑰精油

玫瑰花味甘微苦、性微溫，芳香行散具有舒肝解鬱，和血調經之效。玫瑰精油能夠調理女性內分泌系統、更年期、經痛、月經不規則；並能治療多種病症，如：呼吸系統的感染—咳嗽、花粉熱、鼻竇阻塞，年輕女孩的厭食症、經前症候群、憂鬱症，謂為女性的良藥。

美容保健小常識 

泡礦物澡

1. 方法：在浴缸內加入1杯鹽及1杯碳酸氫鈉。
2. 時間：溫水泡20分鐘。
3. 效用：有助於鬆弛肌肉及緩解經痛。

（四）穴位按壓

1. 三陰交穴

(1) 穴位部位：腳內踝上方3吋（四橫指）。

(2) 按壓方法：用大拇指指腹按壓三陰交穴位1~5分鐘。

(3) 按壓效用：改善月經不順、減緩經痛不適。

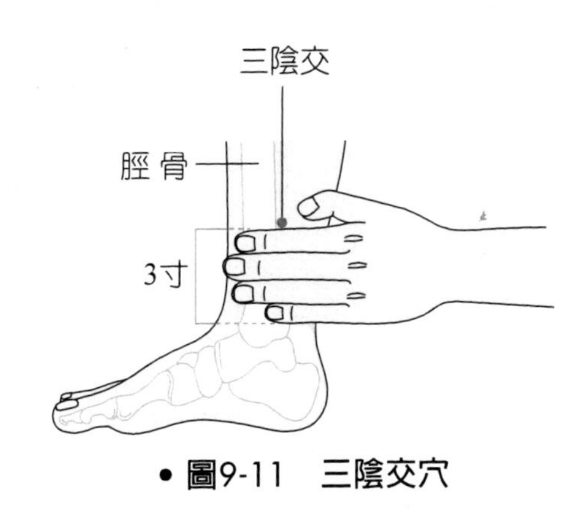

● 圖9-11　三陰交穴

2. 血海穴

(1) 穴位部位：膝關節內上方，往內約3個指頭寬。

(2) 按壓方法：用大拇指指腹按揉血海穴位3分鐘。

(3) 按壓效用：改善月經不順、月經痛、閉經，對便祕、脂肪性肥胖、皮膚發癢有療效。

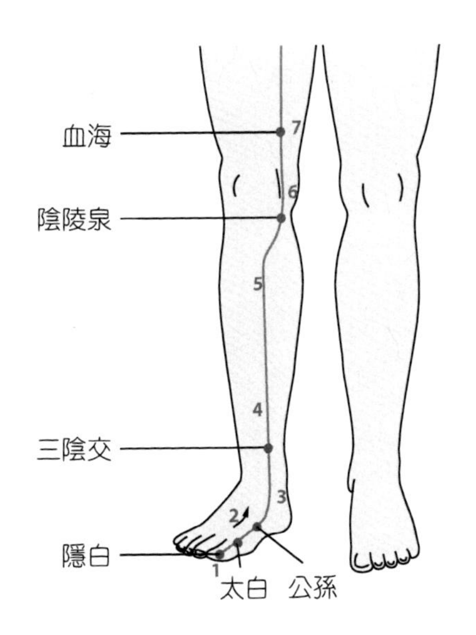

● 圖9-12　血海穴

3. 太衝穴

(1) 穴位部位：腳背上，從大拇趾與次趾間的趾縫，向後延伸約2吋處。

(2) 按壓方法：用大拇指指腹按壓太衝穴位5秒，鬆開2秒，再重複按10次。

(3) 按壓效用：改善經痛、更年期障礙、足部濕冷、濕疹。

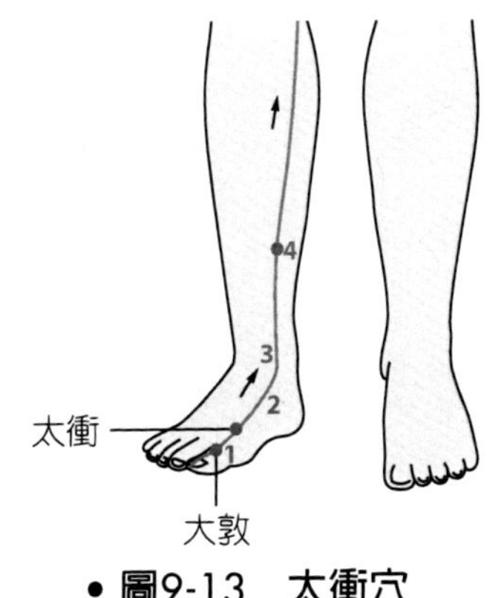

● 圖9-13　太衝穴

美容保健小常識

艾灸

1. 方法：使用艾灸，將老薑切片放於臍下中極穴處（約恥骨上方），用艾條離薑約5公分處灸。
2. 時間：每天2次，每次10分鐘。
3. 效用：促進血液循環，以達到治療經痛的效果。

四、月經週期的皮膚保健

（一）臉部按摩，幫助循環

1. 取兩顆櫻桃大小份量的按摩品塗於手掌，輕輕順著淋巴方向，由下往上按摩至耳後，再順著肩頸線往下滑推。
2. 手指併攏，以指腹順著嘴角往上畫圓按摩至耳後。
3. 雙手放在額頭中心，往兩側畫圓按摩至耳上停止。
4. 順著鼻樑兩側往下滑按。
5. 手掌包覆鼻翼兩側，往兩側斜上方提拉至耳後停止。
6. 手掌包覆額頭，往兩側提拉、滑按至太陽穴處停止。

（二）青春痘護理

月經來之前的7~10天，受到雌激素分泌影響，毛孔粗大、油脂分泌旺盛，此時若清潔沒有做好，容易在生理期前後冒青春痘。

1. 先以妝前美容液按摩臉頰，使得因油脂分泌過盛而不平整，或者翻起來的角質得以平整，會讓臉頰看起來較有氣色。
2. 不擦粉底的人可以直接擦膚色的飾底乳遮掉帶紅色的痘疤，擦粉底的人，則在粉底之後的步驟使用。
3. 使用不含油性、帶有消炎成分的粉餅來定妝。

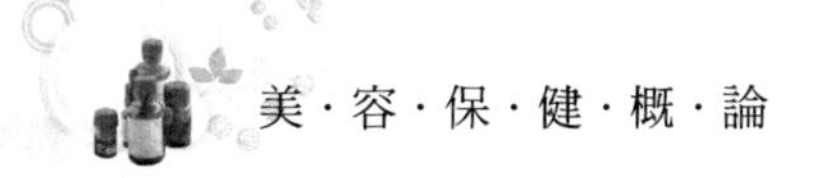

參考資料

Chen，H.M.& Chen，C.H.(2004).Effects of acupressure at the Sanyinjiao point dysmenorrhoea. Jounal of Advanced Nursing，48(4)，p.380~388.

王桂芸、邱周萍、李惠玲、谷幼雄、周桂如、徐淑芬，1997，新編內外科護理學，台北：永大。

江其鑫，1998，痛可痛，非常痛－談原發性痛經．中華民國內膜異位症婦女協會會刊，5(6)，3~4頁。

張家蓓，2005，如何利用經期減肥，台北：尚書。

郭純育，2006，把握生理轉機：月經調理三階段（淨化、滋補、調理），台北：元氣齋。

陳安琪，2003，月經，台北：麥田。

葉慧昌，2010，察顏觀色斷疾病，台北：元氣齋。

本章作業

是非題

1.（ ） 血海穴部位：在膝關節內上方，往內約三個指頭寬。

2.（ ） 太衝穴部位：腳背上，從大拇趾與次趾間的趾縫，向後延伸約一吋處。

3.（ ） 泡礦物澡方法：在浴缸內加入1杯鹽及1杯碳酸氫鈉。

4.（ ） 月經來之前的7~10天，受到雌激素分泌影響，毛孔粗大、油脂分泌旺盛。

5.（ ） 月經週期的青春痘護理使用含油性、帶有消炎成分的粉餅來定妝。

6.（ ） 蔬菜、水果、穀類中含有重要之植物性化學成份、酵素，具有抗氧化功效。

7.（ ） 陳皮可消除漲氣、生津舒鬱。

8.（ ） 缺乏必須脂肪酸和維生素D與經前緊張綜合症有關。

9.（ ） 剛生完小孩的孕婦喝紅豆加紅糖煮的紅豆湯，有補血去毒的功效。

10.（ ） 枸杞功效：滋補肝腎，強壯筋骨，益精明目，潤肺止渴。

選擇題

1.（ ） 女性初潮時的平均年齡為幾歲？ (A)22 (B)20 (C)12 (D)16。

2.（ ） 以下何者為經前症候群的症狀？ (A)易怒 (B)情緒緊張 (C)水腫 (D)以上皆是。

3.（ ） 何者非含鐵食物？ (A)柳丁 (B)蘋果 (C)菠菜 (D)豬血。

4.（ ） 以下何期，新陳代謝增加，黑色素代謝功能強盛，這時進行肌膚美白，會有不錯的效果？ (A)行經期 (B)排卵期 (C)經期結束後一週 (D)經期前一週。

5.（ ） 何者可抑制雌激素、減少經痛？ (A)當歸 (B)小茴香 (C)迷迭香 (D)益母草。

6.（ ） 月經來之前的7~10天，受到何者分泌影響，毛孔粗大、油脂分泌旺盛？ (A)黃體素 (B)雌激素 (C)甲狀腺素 (D)腎上腺素。

7.（ ） 臉部按摩，手掌包腹額頭，往兩側提拉、滑按至何處停止？ (A)中府穴 (B)人中穴 (C)迎香穴 (D)太陽穴。

8. (　) 何者穴位於腳內踝上方三吋（四橫指）？ (A)三陰交穴 (B)太衝穴 (C)血海穴 (D)足三里穴。

9. (　) 何者在醫藥上有發汗、解熱、除風的藥效？ (A)木耳 (B)黑棗 (C)薑 (D)肉桂。

10. (　) 何者有平衡前列腺素的作用，可達到緩和疼痛的效果？ (A)魚油 (B)亞麻仁子油 (C)月見草油 (D)以上皆是。

問答題

1. 內分泌對月經週期如何影響？
2. 月經週期保健法為何？
3. 原發性痛經的治療為何？

壓力管理與保健

陳惠姿 編著

一、壓力的來源

二、人體與壓力的關係

三、抒解壓力的技巧

四、減壓／保養的好幫手－面膜

五、按摩與身體保健

一、壓力的來源

對不同的人，壓力有不同的意義，生活是需要壓力的，因為它可激勵我們前進、完成任務，並給予我們推動力。壓力可能從重要的生活事件中產生，如：股票下跌、失業、落榜、離婚、生病、親人死亡、人際不佳、失戀、工作表現不理想…等。

（一）造成壓力的原因

壓力源可能是身體或情緒上，內在或外在所產生的。壓力包括生理上、行為上與心理上的改變。壓力可概分成兩種：負向的對個體有不良影響與危害。正向的對個體在適度情形下是有利的。

（二）青少年時期的壓力

因為身體發育、外貌變化及荷爾蒙的改變，在身體或情緒上會引起很大的衝擊。生理方面：主要是對自己的外表、身材感到不滿意。課業方面：升學競爭越來越激烈，成績壓力也提高許多。加上現代的父母工作忙、無暇顧及孩子的心靈成長過程，青少年認為父母不能了解他們，而產生了「代溝」。

（三）成年期的壓力

工作及婚姻選擇、懷孕、養育子女。

• 圖10-1　成年期的壓力

二、人體與壓力的關係

（一）人體對壓力的反應

在危險情境大腦會釋放出一種刺激壓力的荷爾蒙，可體松和腎上腺素導致心跳加快，血壓升高，肌肉緊繃，注意力提高，以及新陳代謝加速，這就是人對壓力釋出的反應之一；當工作上有某要求，或者生活中有某種責任、挑戰，而使執行過程中無法

符合要求，差距就產生，壓力就來。壓力反應包括三個階段：恐懼、適應（或抗拒）和精疲力竭。

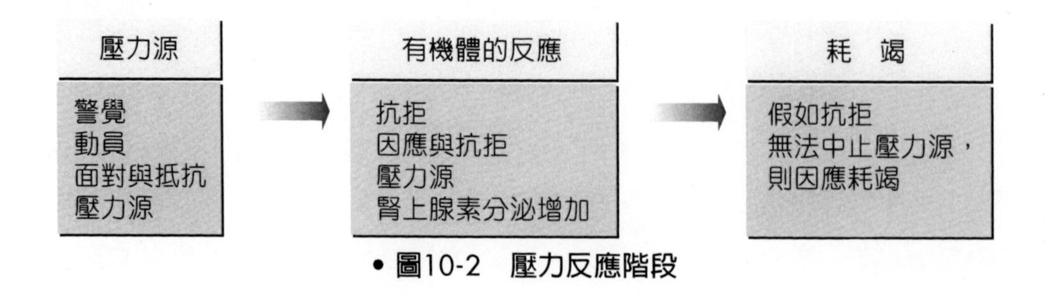

• 圖10-2　壓力反應階段

（二）壓力對健康的影響

當身體全面地警戒來應付壓力源時，呼吸變得急而短促，會減少細胞維持健康所需的氧氣，也會妨礙新陳代謝、循環和免疫系統的功能，造成消化不良、心絞痛。長期壓力過大，感染疾病就會趁虛而入，焦慮緊張若沒紓解，將對日常生活造成影響。

• 圖10-3　壓力對人體的影響

當壓力變成有害的情形時，人的生理和心理會有不同的症狀出現。

1. 情緒方面

沒有耐心、逃避現實或過度猜疑、敵意、責備及批評其他人、防禦行為、感到不安、沮喪、夜晚磨牙、倦怠(Burnout)、暴躁、抑鬱(Depression)、不信任、退卻、冷漠(Apathy)、很難放鬆。

2. 智力方面

工作表現失常、注意力無法集中、想像力及創造力減低、記憶力變差。

3. 生理方面

慢性腹瀉或便祕、緊張性頭痛、心悸、呼吸急促、失眠、胃口不好、手心出汗、高血壓、心臟病、胃潰瘍、胸痛。

（三）壓力與皮膚的關係

皮膚會隨著身體內的器官而有所影響，如：熬夜，腎上腺素便會分泌所謂的（皮脂酮）來對抗壓力；女性皮膚之所以光滑是因為受到雌性激素的保護；相反皮脂酮是一種類似雄性激素的東西；會影響毛囊皮脂腺的活性，引發角質增厚，油脂分泌不正常，除了讓肌膚暗沉，長青春痘，長期的影響更會造成敏感性肌膚。

壓力會造成皮膚的症狀，有些人因壓力過大，不管是工作或考試，有人甚至會引發蕁麻疹而持續一週，一般人往往認為自己是食物過敏，然而作了食物過敏原檢測卻找不出任何原因，原來是因為壓力過大而引發壓力荷爾蒙甚至是抗壓力荷爾蒙失調，進一步影響免疫系統而導致過敏。其實壓力對某些人來說，也不一定會使壓力荷爾蒙升高，因為慢性疲勞症候群的人對於壓力的反應根本是欲振乏力。

有時發現蕁麻疹或皮膚炎，往往可能是壓力過大或者自律神經失調引發，這其實可以透過適當的身體檢測而找到原因，配合相關的營養品使用及學習壓力抒解的心靈技術，才有可能不藥而癒。

三、抒解壓力的技巧

（一）冥想

冥想(Meditation)，所謂的冥想就是停止知性和理性的大腦皮質作用，而使自律神經呈現活絡狀態。簡單的說就是停止意識對外的一切活動，而達到「忘我之境」的一種心靈自律行為。冥想是人體呈現在深度的休息狀態，來消除壓力所造成的負面作用。冥想對心智有正面作用，冥想、靜坐使人減少耗氧量，是一種自我開發、昇華的方法。

• 圖10-4　靜坐與冥想

冥想方法有坐禪的冥想，也有站立姿勢的冥想，甚或舞蹈式的冥想。祈禱、讀經或念誦題目也是冥想的一種。

美容保健小常識

根據科學的實驗證明，當你進入冥想狀態時，大腦的活動會呈現出規律的腦波，此時支配知性與理性思考的腦部新皮質作用就會受到抑制，而支配動物性本能和自我意志且無法加以控制的自律神經，以及負責調整荷爾蒙的腦幹與腦丘下部的作用，都會變得活性化。

（二）深呼吸

呼吸太淺太快，肺部將缺乏新鮮空氣。腹式深呼吸，可減輕壓力提高含氧量並消除疲勞。先閉眼以達放鬆、舒壓之效，心情安定之後運用腹部深呼吸。悠閒吐氣，然後緩緩吸氣。

深呼吸是減除壓力的最基本方法。當人在緊張的狀態時，呼吸會比較淺和急速，而空氣只會被吸進肺的上半部，為了幫助呼吸，頸部和肩膀的肌肉便會收緊，令人感到緊張。而長期淺和急速的呼吸，會引致輕微缺氧，令身體容易感到疲倦。深呼吸則可教人呼吸緩慢和均勻，由橫膈膜完成呼吸的動作，讓頭和肩膀的肌肉保持鬆弛，從而讓全身也鬆弛起來，減少氧分的消耗。

美容保健小常識 

深呼吸的好處

1. 生理方面：減少偏頭痛、背痛、胃痛和失眠，使血壓回復正常。
2. 心理方面：減少壓力和焦慮，令人感到鬆弛。

（三）瑜珈

瑜珈(Yoga)用於身體、心理及靈性領域的擴展，藉由各種姿勢維持、伸展動作深入按摩人體的臟器與淋巴腺，帶動按摩穴道的動作，刺激腺體，活化細胞、提升免疫力及呼吸調息獲致身心舒暢的境界。此外，瑜珈也有減肥塑身、安定神經、增加自信的功效，讓身體製造優質血液與氧氣，鍛鍊出最優雅的線條。

• 圖10-5　瑜珈

瑜珈能使身心靈的問題逐一放鬆解決，綻放生命智慧。身體由錯綜複雜的協調功能組成，是由腺體系統來指揮。醫學上稱為賀荷爾蒙，有生長腺體、消化腺體、生殖腺體、甲狀腺體、腦內的α、β波的平衡、情緒等。用肢體瑜珈的伸展調整、鍛鍊、調整腺體的分泌，就能控制習性及調整心理，達到心靈的平衡。

瑜珈運動可拉通筋脈，讓內臟充分按摩。由於瑜珈動作有許多是彎腰、腹部貼地的姿勢，而且會施壓延展一定的時間，所以會建議練瑜珈前3個小時不可以進食，以免胃部受壓力，未消化的食物會逆流嘔吐。練完瑜珈半小時內不可喝水，1小時以後才可以進食，要讓內臟休息。瑜珈的深沉腹式呼吸可以燃燒體內多於脂肪，並讓體內各器官活化、氧分充足。經脈的伸展，可以抗憂鬱、治療躁鬱症、平衡自然神經、按摩內臟的腺體、增加身體免疫功能。

（四）SPA

SPA包括身心靈的調養，無論是水療、按摩或芳香療法，都是藉由視、聽、嗅、味、觸等五感。結合自然花草香、水、身心調養等概念，來達到放鬆身、心靈的目的，進而依個人的需求達到不同的療效。

SPA不僅有美容功能，更能使壓力得到全的舒解，進而達到治療病痛的效果，例如養生水療館，利用水柱的按摩，刺激穴道，可提升人體的代謝功能。在SPA按摩上，加上精油配合芳香療法，一定會留下美好的按摩經驗而且達到舒壓的效果。

• 圖10-6　SPA可放鬆身心靈

美容保健小常識

芳香經絡療法

除了能減壓之外，再加入有治療性的精油更可達到排毒，提升免疫機能的功效，以脊椎視診學而論，脊椎亦可視為臟腑機能的反射區，可透過脊背部按摩及單方精油的運用來提升身體器官的功能達到建康的目的。

（五）熱石療法

熱石的原材料採自大自然的火山噴發後，遺落在火山腳下或大海邊的火山玄武岩，富有養生能量的有機礦石及不易散熱的特性，達到深層肌肉的放鬆按摩。將溫熱的石頭擺於脊椎，再根據身體能量點放上熱石，接著手持熱石做深層肌肉按摩的滑動，讓溫潤的石頭幫助精油吸引至體內，舒順全身的氣場，淋巴，血液循環，中樞神經，放鬆緊繃的肌肉，釋放壓力，快速的恢復元氣，排除體內的負能量。

熱石療法結合西方的淋巴排毒及中國的經絡原理，透過熱石，在能量穴道點上散熱，並配合按摩師的按摩手技，以深層肌肉按摩手法滑動，讓溫潤的石頭幫助精油迅速進入體內，鎮靜肌膚，舒順全身的氣場、淋巴、血液循環、中樞神經，放鬆緊繃痠痛的筋骨肌肉，釋放壓力、恢復元氣。使皮膚微血管擴張、血液循環加速，氧氣和養分得以充分供應肌膚，皮膚毒素得到完全排泄，使上皮細胞的新陳代謝旺盛，皮脂腺和汗腺的活動也跟著活絡起來。皮膚因而變得更見光滑、美麗。同時透過皮膚神經的微血管，影響中樞神經，舒緩壓力。熱石療法融合現代美容養生等理念，結合香薰精油和特殊按摩手法，可舒緩疲勞、放鬆神經、補充能量、減壓、美體保健等功效。

熱石療法操作過程注意事項：

1. 注入適量的水於熱石加熱鍋中，將熱石全部浸入水中。
2. 水的溫度控制在70℃左右；如果溫度超過70℃，一定要用隔熱手套，用長柄木勺將熱石自加熱鍋中拿出，先讓熱石稍微冷卻。
3. 特別注意要避開骨頭凸出部，以防瘀傷。

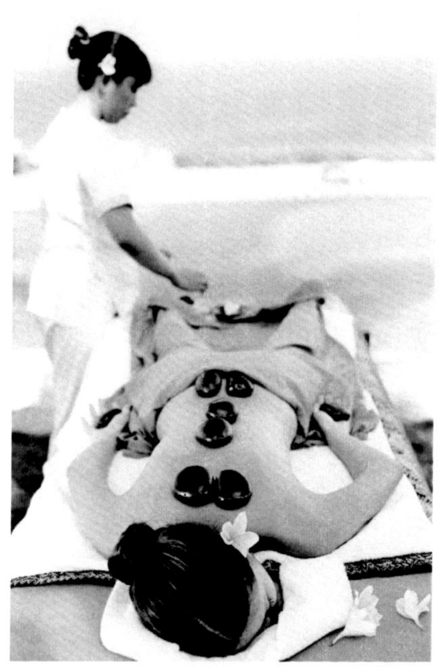

• 圖10-7 熱石療法

（六）芳香療法

中國在4500年前便開始使用植物的香氣，在第二次世界大戰中由於醫藥不足，芳香療法也被酌量施行於醫療內，而真正將芳香療法運用於美容上的始祖，則是起源於英國。芳香療法(Aromatherapy)，又名香薰療法，是指藉由芳香植物所萃取出的精油以按摩、泡澡、薰香等方式，經由呼吸道或皮膚吸收進入體內。皮膚可說是身體最大的器官，它的功能除了保護身體之外，還有吸收、排泄、調節身體溫度、隔絕水及一些有機物質進入身體，還會分泌油脂及汗水以排除身體毒素。

芳香療法是達到舒緩精神壓力與增進身體健康的一種自然療法。讓精油分子及能量傳送到整個身體，藉由表皮皮膚的吸收進入真皮層，再經由毛細血管循環至全身幫助舒壓，若是加以用精油薰香，讓嗅覺也充分感受，進而對身心產生影響，還可調整情緒、解決現代人煩雜的心理問題，讓全身放鬆。表列常用於面膜的精油成分，在美容保健中經常被使用（表10-1），並且有其一定的療效。

表10-1 芳香療法中常用之精油

功效	放鬆、改善失眠、焦慮、壓力	保濕、彈性	緊實、美白	青春痘
精油	佛手柑、大西洋雪松、羅馬洋甘菊、快樂鼠尾草、茉莉、薰衣草、甜橙	茉莉、玫瑰草、花梨木、安息香、絲柏	檸檬、檸檬香茅、迷迭香、天竺葵、玫瑰羅勒、快樂鼠尾草	尤加利、茉莉、薰衣草、歐薄荷、苦橙葉、天竺葵、茶樹、羅勒、羅馬洋甘菊

（七）從日常生活習慣中改變

1. 保持規律的生活，有益身體健康，減少變動產生的不確定感及壓力。
2. 妥當安排生活作息，依自己狀況，將讀書、休閒、運動規劃成時間表。一個時間內只處理一件事情，若同時處理兩件以上的事情，很容易因做不好而產生壓力。
3. 預知會發生的事情，就要先有所準備，按部就班進行。
4. 多參加有益的團體活動，增加與人溝通互動的機會，學習提高EQ的課程，對人際關係與身心健康都有幫助。
5. 了解自己的能力與優缺點，修改自己的行為，善用優點，改進缺點。提出來與父母、師長、好友、心理治療師及醫護人員討論，談論壓力事件及運用他人對自己的建議來執行減壓。
6. 每天安排時間，放鬆心情，聽音樂。
7. 找尋適合自己的宗教，將負面的情緒昇華。

四、減壓／保養的好幫手－面膜

芳香療法除了身體，對臉部肌膚一樣能達到很好的保養與功效，使用各種精油或藥食製作的面膜，是女性的保養臉部不可或缺的好幫手。列舉數種面膜製作及使用方式，對皮膚保健有很好的功效。

（一）芳香精油面膜

1. 主要功效

美白肌膚、放鬆身心，可以增強信心，適用於各種膚質。

2. 使用步驟

(1) 檸檬精油2~4滴，甘菊精油1~2滴，薏仁粉1大匙，甘油半小匙，礦泉水3大匙。
(2) 將材料放入容器中，充分攪拌均勻，調成糊狀。
(3) 將面膜敷於臉部，避開眼、唇部皮膚。
(4) 約15分鐘後，用溫水沖洗乾淨。

美容保健小常識

精油面膜使用注意事項

1. 皮膚不要直接接觸純精油，以免引起過敏反應。
2. 使用後要避免日光照射，以免造成色素沉澱。

芳香精油面膜美容原理，在於檸檬精油、甘菊精油和薏仁粉的成分，分述如下：

1. 檸檬

含有一種「枸櫞酸」，枸櫞酸可防顆粒色素粒子積聚於皮下，對皮膚發生漂白作用。檸檬精油具有柑橘類的清新甜美味道，有抗煩躁、澄清思緒的作用，也有促進食慾幫助消化吸收的作用。

2. 甘菊

可抗發炎、殺菌及幫助皮膚快速癒合的作用，青春痘肌膚可尋找保養品有含甘菊的成分。甘菊精油，可以軟化角質，改善暗沉膚色。

3. 薏仁

薏仁的營養成分有澱粉類、蛋白質、油脂、維生素B_1、B_2，以及鈣、鐵、磷等礦物質。其中蛋白質能分解酵素，軟化皮膚角質，使皮膚光滑，減少皺紋，消除色素斑點。

• 圖10-8　薏仁

（二）綠豆面膜

1. 主要功效

鎮靜皮膚、減輕壓力、解毒，淡化皮膚小斑點、雀斑。使用一段時間後，皮膚會變得柔嫩與美白。

2. 使用步驟

(1) 將2茶匙的綠豆粉倒入碗內。

(2) 將2茶匙的鮮奶徐徐加入。

(3) 將碗內材料攪拌混合。

(4) 將面膜敷於臉部，避開眼、唇部皮膚，20分鐘後以清水洗淨。

(三)漂白去斑面膜

1. 主要功效

杏仁能滋養面部，改善深沉的膚色，粗鹽有去角質作用，使皮膚更光滑。

2. 使用步驟

(1) 準備材料：杏仁粉5茶匙、粗鹽1茶匙。

(2) 將杏仁粉用水調成糊狀，加粗鹽。

(3) 將面膜敷於臉部，避開眼、唇部皮膚，20分鐘後以清水洗淨。

(四)栗皮面膜

1. 主要功能

能鎮靜肌膚、減少細紋、防止肌膚老化。

2. 使用步驟

(1) 倒入3茶匙栗皮粉。

(2) 慢慢倒入2大茶匙純優酪乳。

(3) 把材料混合調勻。

(4) 將面膜敷於臉部，避開眼、唇部皮膚，20分鐘後以清水洗淨。

(五)蘆薈蛋白面膜

1. 主要功效

蘆薈可以有消炎鎮定的功能，蛋白可以清熱解毒，其中豐富的蛋白質還可以促進皮膚生長，蜂蜜能滋潤、美白肌膚，並有殺菌消毒、加速傷口癒合的作用。

2. 使用步驟

(1) 準備材料：蘆薈葉子一枝，蛋白、蜂蜜。

(2) 將蘆薈果肉與蛋白、蜂蜜混合在一起。

(3) 將面膜敷於臉部，避開眼、唇部皮膚，20分鐘後以清水洗淨。

（六）敷面膜注意事項

1. 不用每天敷，面膜適量就好，敷太多反而會使肌膚的抵抗力變弱、皮膚變薄很容易變成敏感性膚質。
2. 面膜一個禮拜敷2~3次（清洗臉部後敷）。
3. 一次約敷15~30分鐘。

敷臉20~30分鐘最好，敷面膜的時間太久，敷料中的水分及營養分已完全喪失，面膜已經乾燥，會因為虹吸原理，將皮膚角質層中的水分再回收到敷料中，皮膚不但不會更加滋潤，而且因為水分蒸發，一些敷面的成分濃度增加，也可能造成刺激性皮膚炎。

五、按摩與身體保健

按摩是借助按摩油的潤滑，運用推、壓、捏、拿、揉、搓、提、抹等手法，本著血液循環的節奏來施行壓揉，用緩慢的身體觸撫使肌肉解除緊繃的感覺，促進體內血行順暢，以及排除阻塞情形，並能調整體態曲線、促進內在系統健康平衡。按摩術運用在身體治療上，是以皮膚和皮膚接觸，施行時可增加接受者的安全感並解除壓力，使精、氣、神活躍。

• 圖10-9 精油按摩

（一）按摩耳廓

人體軀幹和內臟在耳廓均有一定反應部位，按摩耳廓有助於調節全身功能，促進血液迴圈，有利健康。

（二）自我按摩注意事項

1. 修整指甲。
2. 手掌要暖和。
3. 按摩時不宜過飢、過飽：吃飯前後約30~60分以上較佳，最好的時機為早上（提神）或晚上（消除疲勞）。
4. 按摩後喝500c.c.溫開水，可排毒、促進新陳代謝。

美容保健小常識

雙手過於冰冷，則被按摩的肌肉會較緊張，易產生疼痛感及力道需增加，才能達到效果。要使手掌暖和可用熱水浸泡，或雙手摩擦生熱。

（三）按摩禁忌

1. 有急性傳染病或急性炎症。
2. 腹痛難於忍受按摩的病人。
3. 皮膚病者盡量不要按摩，或者可戴手套按摩。
4. 急性類風濕性脊椎炎病人。
5. 嚴重肺病、心臟病、肝、腎病的病人。

美容保健小常識

豆腐按摩

1. 材料：豆腐、紗布袋。
2. 方法：將豆腐弄碎裝於紗布袋內，洗臉後搓揉按摩臉部或身體。
3. 功效：按摩對身體及情緒上有很大的安撫幫助，按摩過程中可放鬆肌肉，皮膚也變得白皙光滑、有彈性。

參考資料

Blunt，E(2003). Puttund aromatherapy in practice. Holistic Nursing Practice，17(6). p.329~335。

Perez，C.(2003).Clinical aromatherapy part Ⅰ:An introduction into nursing practice. Clinical Journal of Oncology Nursing，7(5).p.595~596.

王奉德，2007，別讓壓力壓倒自己，台北：菁品文化。

吉本小菊花，2010，再放鬆，向壓力說再見，台北：台灣明名文化。

沈東云，2009，告訴你，這樣上班沒壓力，台北：好文化出版社。

林慶昭，2008，壓力好大怎麼辦，台北：好的文化。

本章作業

是非題

1.（　）蜂蜜能滋潤、美白肌膚，並可殺菌消毒、加速傷口癒合。

2.（　）皮膚病者儘量不要按摩，或者可戴手套按摩。

3.（　）壓力，對某些人來說，壓力荷爾蒙一定升高。

4.（　）女性皮膚之所以光滑是因為受到雌性激素的保護。

5.（　）皮脂酮是一種類似雄性激素的東西；會影響毛囊皮脂腺的活性，引發角質增厚。

6.（　）敷臉太多次反而會使肌膚的抵抗力變弱、皮膚變薄很容易變成敏感性膚質。

7.（　）練完瑜珈半小時以後才可以進食。

8.（　）按摩是借助按摩油的潤滑，運用推、壓、捏、拿、揉、搓、提、抹等手法。

9.（　）長期淺和急速的呼吸，會引致輕微缺氧，令身體容易感到疲倦。

10.（　）檸檬精油有抗煩躁、澄淨思緒的作用，也有促進食慾的作用。

選擇題

1.（　）何者為成年期的壓力？ (A)工作 (B)懷孕 (C)養育子女(D)以上皆是。

2.（　）當身體全面地警戒來應付壓力源時，呼吸型態如何？ (A)慢而長 (B)急而短促 (C)慢而短促 (D)以上皆是。

3.（　）何種性格易產生壓力？ (A)B型性格者 (B)C型性格者 (C)A型性格 (D)D型性格者。

4.（　）關於冥想，何者為非？ (A)冥想、靜坐使人增加耗氧量 (B)冥想方法有坐禪的冥想，也有站立姿勢的冥想 (C)冥想的英文是 Meditation (D)進入冥想狀態時，大腦的活動會呈現出規律的腦波。

5.（　）熱石療法水的溫度控制在多少左右？ (A)60℃ (B)70℃ (C)80℃ (D)50℃。

6.（　）何者有消炎鎮定的功能？ (A)蜂蜜 (B)木耳 (C)蘆薈 (D)蛋白。

7. (　) 何者有抗發炎、殺菌及幫助皮膚快速癒合的作用？ (A)蜂膠 (B)甘菊 (C)薏仁 (D)蛋黃。

8. (　) 敷臉約幾分鐘最好？ (A)20~30分鐘 (B)10~20分鐘 (C)30~40分鐘 (D)40~50分鐘。

9. (　) 何者面膜的主要功能是能鎮靜肌膚、減少細紋、防止肌膚老化？ (A)檸檬面膜 (B)綠豆面膜 (C)杏仁面膜 (D)栗皮面膜。

10. (　) 按摩後喝500c.c.溫開水，可排毒、促進新陳代謝？ (A)600c.c. (B)500c.c. (C)300c.c. (D)250c.c.。

問答題

1. 壓力反應階段順序為何？
2. 壓力對健康有何影響？
3. 請描述A型性格的表現為何？

營養與保健

陳惠姿 編著

一、蛋白質

二、維生素

三、礦物質

四、健康養生食品

五、保健食品

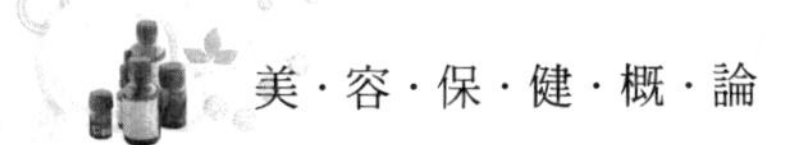

身體需要補充各式營養才會有體力、精力，提供生長發育及調理之用。食物在消化的過程即分解為蛋白質、澱粉、維生素及礦物質以供身體吸收，轉化成養分再經由血液送達全身。當營養素不足時，身體會將營養素優先分配給重要器官，如：肝、心、腎臟等，皮膚毛髮會因此失去養分而暗沉枯燥。

一、蛋白質

(一) 功效

蛋白質是建造、修補細胞的主要原料，血紅素、甲狀腺分泌物、腎上腺素、胰島素、腦下垂體及控制身體多種功能的酵素是蛋白質。蛋白質也可加速傷口的癒合。蛋白質若提供不足，則肌肉鬆弛無張力，皺紋易出現，衰老則提早來到，看起來比實際年齡大。

(二) 食物來源

1. 動物性蛋白質

魚肉、豬肉、牛肉、蛋。

2. 植物蛋白質

豆類、種子、核果、豆腐為黃豆所製成，黃豆含有極豐富之蛋白質，故營養價值甚高。

• 圖11-1　含蛋白質食物

美容保健小常識

豆類食品對婦女的內分泌有協調作用，精純的大豆蛋白素含有抗氧化劑，可有效刺激細胞再生，產生膠原纖維，具有對抗自由基的功能；其含有許多天然的抗氧化劑，透過體內進行調節作用，可有效刺激細胞再生，產生膠原纖維及彈力素，具有強化及抵抗自由基的功能。因此，婦女可補充豆類食品，每天喝兩碗豆漿，對婦女健康、抗老化、養顏美容和抗癌都有好處。

二、維生素

維生素可以讓人體增強活力、精力。

（一）維生素A

維生素A在細胞與組織的生長發育上扮演重要的角色，在皮膚、黏膜、口腔及消化道等細胞新陳代謝快速的組織中尤其如此。另一方面，為了保護身體的器官及組織，並促使這些組織發揮正常的功能，會有黏液的分泌，這黏液就好像潤滑油一樣。

維生素A有益於視力，使皮膚、頭髮增加光澤，減輕皮膚損傷，使血色良好。保護皮脂膜和神經，增加抵抗力並助於抵抗傳染病。維生素A、B_2、B_6、菸鹼酸一起作用，可以維持健康的皮膚與指甲。

美容保健小常識

富含維生素A食品：肝臟、甜薯、木瓜、芒果、南瓜、菠菜、青江菜、紅蘿蔔、哈密瓜、牛油。

• 圖11-2　含維生A食物

（二）維生素B群

幫助消除疲勞及改善失眠，可提高毛細血管作用。

美容保健小常識

富含維生素B群食品：糙米、麥類。

1. 維生素B_1

促進神經機能之作用與增加皮膚健康，能改善皮膚老化斑點。含於肉類、魚、蛋、米。

2. 維生素B_2

增強體內之新陳代謝及促進頭髮、皮膚和指甲的健康。含於肉、魚、牛乳、乳酪中。

3. 維生素B_3

為蛋白質、糖質之代謝作用，可放鬆神經，促進皮膚健康、降低血壓和增進循環。含於動物性蛋白質食品、穀類、奶粉。

• 圖11-3　含維生素B群食物

4. 維生素B_5

促進傷口癒合與增加蛋白質、糖質、脂質的代謝作用。使肌膚透明、白晰，有彈性及光澤。

5. 維生素B_6

能保持皮膚的完整性，避免龜裂。控油，改善青春痘，使肌膚緊實，幫助增強免疫系統的功能。不足時會引起皮膚炎、糙皮症、頭皮屑多。含於動物肝臟。

6. 維生素B_{12}

防止皮脂分泌過剩，減輕青春痘症狀。對快速分裂分化的細胞最具影響力，保障細胞分裂的完美；皮膚細胞是分裂最活躍的組織器官之一。

補充維生素B_6、B_{12}與葉酸，可以減少偏頭痛(migraines)發生的次數。

美容保健小常識

肝、雞肉、牡蠣、全麥、麥芽、新鮮的深綠色葉菜類（如：菠菜、花菜、酵母、蘆筍）當中都有豐富葉酸。

(三)維生素C群

維生素C可使人體皮膚有彈性、美白,預防色素沉澱及貧血。

• 圖11-4 含維生素C食物

維生素C是刺激膠原蛋白生長的重要原料,膠原像是細胞間的黏著劑,如同水泥之於磚塊。由於膠原蛋白是結締組織的重要成分,結締組織影響血管壁之周密性、皮膚健康、促進傷口癒合和對抗陽光造成的老化、減少皺紋的產生,並改善皮膚的色澤與光彩,除了抑制黑色素形成、間接美白。補充維生素C、促進血液循環,可以改善黑眼圈的現象。維生素C能幫助預防多種癌症。它的抗氧化作用能幫助防止壞膽固醇(LDL)遭受氧化破壞而導致動脈粥狀硬化。

維生素C的食物來源很多,像是檸檬、草莓、奇異果、芭樂、番茄、香吉士、甜椒、花椰菜、柑橘、黃瓜等維生素C含量較豐富的食物也是天然的美白聖品,可以由體內幫您快速美白。葡萄柚也含有維生素C,不僅可消除疲勞,還可以美化肌膚。它的含糖分少,可當減肥水果並補充維生素C。

美容保健小常識

檸檬

含有維生素B_1、維生素B_2、維生素C等多種營養成分,與有機酸、檸檬酸及高度鹼性,具有抗氧化作用,對促進肌膚新陳代謝、延緩衰老及抑制色素沉著有效。

柑橘

具有止咳、健胃、化痰、消腫、止痛等多種功效,故柑橘既是上等果品,又是很好的中藥材。臨床上常用來治療壞血病、夜盲症、皮膚角化、嘔吐胃寒、乳汁不通等病症。

（四）維生素D

維生素D為脂溶性，是荷爾蒙的前驅物，與血液中鈣的代謝有關。皮膚內的固醇經由紫外線照射後，可形成維生素D，提高皮膚吸收氧的能力，促進骨骼成長，增加骨骼強韌度。

維生素D的缺乏易患有軟骨病，此病症在寒帶地區較常發生，因當地居民須穿著厚重衣物以防寒，但也因此隔絕陽光的照射，無法產生維生素D，此症可經由飲食攝取來改善。

美容保健小常識

維生素D含於日光、魚肝油、高油脂魚類的肉、海洋動物的肝臟。

• 圖11-5　含維生素D食物

（五）維生素E

維持細胞呼吸、減少老人斑的沉積、促進血液循環，減少手足冰冷，為生殖器官及荷爾蒙的養分來源。促進脂質之作用（防止膽固醇囤積）。維生素E的抗氧化能力，常被用於乳霜和乳液中，因為維生素E對於燒燙傷、傷口發炎、手術後傷口，能促進皮膚癒合及減少疤痕形成。維生素E又稱為口服化妝品，可預防老化，減少皺紋產生、美化肌膚、預防更年期障礙及月經異常症。

在食物的攝取中，麥芽和杏仁含大量維生素E，維生素E是強力的抗氧化劑，能幫助預防動脈內斑塊的聚集，以避免心臟病發作。

美容保健小常識

富含維生素E食品：深綠色蔬菜、小麥胚芽、胚芽油、豆類。

三、礦物質

(一)鈣

鈣是人體內最豐富的礦物質，參與人體整個生命過程，從骨骼形成、肌肉收縮、心臟跳動、神經，以及大腦的思維活動、直至人體的生長發育、消除疲勞、健腦益智和延緩衰老、提高皮膚抵抗力，以及骨骼生長發育等重要原料，生命的一切運動都離不開鈣。

血液缺鈣就會引起四肢痙攣、腦筋遲鈍、煩燥不安、意識喪失、心臟功能失調、無法供應身體的血液等等，嚴重時心跳甚至會停止。血鈣濃度過高，則可損害肌肉收縮功能，引起心臟和呼吸衰竭以及其他機體功能的失調等等。一般的離子鈣應在餐後或進餐時服用，因進食可促進胃液的分泌，從而有利於鈣的溶解和游離，而且可使胃的排空減慢，有利於鈣的吸收。

(二)鈉

協助肝臟排出體內的毒素。促進腎機能之作用，調節水分，含於食鹽中。

體液中鈉的濃度太低即為低血鈉症。發生的原因可能是：攝取過多水分、腎臟功能損壞、肝硬化、心臟病、長期腹瀉。

血液中鈉的濃度太高即為高血鈉症，主要由脫水引起。發生的原因可能有：攝取過少水分、腹瀉、嘔吐、發燒、過度出汗、尿崩症。

(三)鐵

鐵能增加血量。含於動物肝臟、菠菜、紫菜、蛋中，使肌膚顏色良好。鐵質可幫助預防缺鐵性貧血。面色蒼白者，主要與膳食中鐵質過低、蛋白供給不足、維生素C缺乏所引起的缺鐵性貧血有關。所以要選用新鮮蔬菜、水果、蛋奶類、豆製品等，對面色變紅潤光澤極為有益。

(四)碘

碘是甲狀腺主要成分，促進甲狀腺之作用。人體所需的碘大部分來自飲食，如：海苔、海帶、龍蝦、貝類、綠色蔬菜、蛋類、乳類、穀類…等。懷孕及哺乳婦女不僅需要滿足自己的機體需要，還要滿足胎兒發育所需，如缺碘易造成胎兒生長緩慢、智力異常。

(五)鉀

鉀能促進腎機能之作用。有助於水分調節及神經系統。鉀質能幫助維持細胞內液體和電解質的平衡，並維持心臟功能和血壓的正常。含紫菜、昆布等海藻類中。香蕉內含鉀，可使過多的鈉離子排出，有降血壓之效。香蕉也含纖維，可刺激腸胃蠕動，增加糞便體積，幫助排便，預防便祕。容易飽食，可以減肥，讓身材苗條。蘋果的鉀質也多，可以防止腿部水腫。

(六)銅

銅與鐵同樣是血之本源，製造血色素(血色蛋白)，含於蟹、蝦、貝類中。由於體內的銅會促進鐵的吸收，因此，銅攝取不足會導致鐵吸收缺乏而造成貧血。並且銅不足也會造成白血球異常，以及和骨骼相關的病症如骨質疏鬆、生長遲緩。

(七)葉綠素

葉綠素與銅、鐵等一齊作用造血，含於綠色蔬菜中。葉綠素具有淨血功能，更能將體內殘餘的農藥與重金屬分解，並排除於體外，促進造血功能活潑，加強造血作用。

四、健康養生食品

(一)明目菊花茶

• 圖11-6　明目菊花茶

1. 成分

菊花5錢、500c.c.熱水沖泡。

2. 功效

可治療急慢性結膜炎、頭暈、頭痛、口苦、口乾、高血壓。

(二)提神北耆茶

• 圖11-7　提神北耆茶

1. 成分

北耆5錢、500c.c.熱水沖泡。

2. 功效

提神、消除疲勞、恢復體力、防止感冒等作用。

(三)桂圓蓮子粥

• 圖11-8　桂圓蓮子粥

1. 成分

桂圓肉5錢、蓮子2兩、米、少許糖。

2. 功效

促進造血、鎮靜神經、改善消化功能。

(四)百合紅棗粥

1. 成分

百合3錢、紅棗10枚去子、米、少許糖。

2. 功效

養血安神、保護肝臟、降低膽固醇。

• 圖11-9　百合紅棗粥

(五)蓮子木耳紅棗甜湯

1. 材料(1人份)

蓮子20克、白木耳4克、紅棗20克、冰糖10克。

2. 功效

清心益腎、潤肺養元氣、解煩助眠、健脾益胃、抗疲勞。

• 圖11-10　蓮子木耳紅棗甜湯

五、保健食品

(一)蜂膠

蜂膠是植物遺傳物與蜜蜂內分泌的複雜化合物，可將植物的有效成分傳遞給人類，蜂膠是一種極珍貴、極有效的蜜蜂產品。蜂膠除了含有人體所須之各種維生素及礦物質外，尚含有由蜜蜂採集回來的植物抗氧化劑生物類黃酮素與花精油，有很多具體的功效。

1. 養顏美容

蜂膠有非常好的滋養作用，特別是針對膚質的改善。蜂膠能促進和增強膠蠕動，中和或分解宿便中毒素，調整機體代謝過程，並可淨化血液，促進皮下組織血液循環，營養肌膚、消除炎症、分解色斑，使肌膚重現生機，細嫩光潔、富有彈性。防皺紋、治皮膚搔癢、濕疹、防止頭皮屑、治痤瘡、皮膚炎。

2. 殺菌消炎、清潔血液

對革蘭氏陽性桿菌、放線菌類革蘭氏陰性菌、皮膚絲狀菌以及黴菌…等等，具有強度抗菌作用，並能清潔血液之血脂肪、膽固醇。

3. 提高免疫力

增加維生素C之活化性，並活化巨噬細胞，提高免疫力效應。

4. 促進身體保健

服用蜂膠能促進新陳代謝、對抗疲勞，可去除自由基、抗老化。生理期之婦女使用蜂膠可減緩各種不適之症候群，如腹痛、腰痛、頭痛、乳房脹痛或無力感等症狀。

（二）膠原蛋白

膠原蛋白(Collagen)又叫膠原質，是組成各種細胞外間質的聚合物，在動物細胞中扮演結合組織的角色，是細胞外基質最重要的組成分，同時也是動物結締組織最主要的構造性蛋白質，主要是以不溶性纖維蛋白的形式存在。

膠原蛋白是非常受到歡迎的保健美容品，使用範圍以整型醫學、營養輔助品、保養品為三大主流，也就是以注射、口服、擦拭為應用。而其中以注射效果最好但價格昂貴，擦拭則因分子量太大而無法吸收，因此目前較為熱門的是水解過的口服膠原蛋白。膠原蛋白一般不溶於水且分子量大吸收較受限。水解膠原蛋白經特殊專業處理仍保有原來的立體結構，分子量小易溶於水，大大提升吸收的效果。膠原蛋白在人體有許多功能。

1. 抗衰老

防止皮膚老化、去除皺紋。每天適度的遞補上新的膠原蛋白，將老舊的膠原蛋白分解除掉，是保持年輕的好方法。

2. 器官組織的修補及再生

膠原蛋白適用於人體器官組織的修補(Repair)及再生(Regeneration)相關醫學應用包括：膠原蛋白海綿、絲線、薄膜（外科止血，用於心臟血管、口腔、骨科、皮膚、婦產手術…等）、傷口敷料、人工皮膚、血管、心瓣膜、眼角膜保護材料、注射式膠原蛋白（用於除皺、軟組織豐滿填補、骨科組織再生填料）。

（三）葡萄籽

葡萄籽是一種富含生物類黃酮的濃縮精華，可用於抵抗自由基，維持毛細血管健康，是一種強有效的天然抗氧化劑。包含有多酚的化學物質（包括原花青素的子集），葡萄籽抽取物的抗氧化能力是維生素C、E的20~50倍。原花青素存在於自然界的某些植物、蔬菜、水果的皮、莖、葉、種子中。葡萄籽、藍莓、小紅莓，都含有原花青素的成分。其中以葡萄籽所含的95%原花青素最多。

葡萄籽功用如下：

1. 抗菌、抗病毒、抗突變作用、可減少癌症之發生。
2. 降低血壓和血液膽固醇，並且可以減少心臟病的風險。
3. 減少血小板凝聚、降低動脈粥狀硬化的危險因素。
4. 抑制發炎，抗組織胺，抗過敏，保護肝臟之功能。
5. 對糖尿病患及視網膜病變，食用葡萄籽抽取物雖然無法根治，但對病情有益。
6. 改善局部血液循環不良、改善經前症候群。
7. 改善靜脈曲張、下肢腫脹。
8. 預防膠原纖維及彈性纖維的退化，使肌膚保持應有的彈性及張力，避免皮膚下垂及皺紋產生。
9. 減緩關節發炎現象。
10. 抗過敏的作用。

（四）月見草油

月見草油(Evening Primrose Oil)主要是來自月見草種子，經低溫榨壓而來，天然的月見草油呈淡黃色，其中最主要的有效成分是一種叫作Gamma Linolenic Acid（伽瑪次亞麻油酸，簡稱GLA）的omega-6多元不飽和脂肪酸，不同於一般植物油、大豆油、葵花油中所含的亞麻油酸，因此在體內扮演著許多重要的角色。然而人體並不能自行製造GLA，因此必須從食物中攝取。

月見草油一般應用於：

1. 舒緩濕疹、改善皮膚異常症狀。
2. 維護健康的皮膚、頭髮及指甲。
3. 舒解經前症候群與更年期障礙，對性荷爾蒙的反應包括動情激素（estrogen，女性荷爾蒙）及睪固酮(testosterone)有正面的作用。
4. 改善氣喘、過敏與風濕性關節炎。
5. 降低血壓、血膽固醇。
6. 預防血小板的不正常聚集。
7. 月見草油的減肥功效，僅限於新陳代謝失調（例如經前症候群、更年期障礙）的肥胖較有具體效果。
8. 提供攝護腺正常分泌的前列腺素，以調節生理機能。
9. 降低鈣質的流失也有助益，並具有預防骨質疏鬆症的效果。
10. 食用月見草油對兒童（過動兒）在行為和動作上有改善。

參考資料

Board, Nation Research Council(1989). Food and Nutrition(10th ed.)Washington:National Academy Press.

Drewnowski, A., & Popkin, B.M.(1997). The Nutrition Transition: New Trends in the Global Diet. Nutrition Reviews, 55(2), p.31~43.

王緒、李德南、周朝雄等，2008，吃對營養不生病，台北：東佑。

金惠民等，2001，疾病、營養與膳食療養，台北：華香園。

楊雀戀、王郁雯，2009，代謝症候群營養與保健，台北：華成圖書。

楊雀戀、舒宜芳、王曉玫，2009，女性更年期營養與保健，台北：華成圖書。

簡芝妍，2008，吃對營養不生病，台北：人類智庫。

本章作業

是非題

1. ( ) 蛋白質是建造、修補細胞的主要原料。
2. ( ) 維生素B在細胞與組織的生長發育上扮演重要的角色。
3. ( ) 維生素C群使皮膚有彈性、美白，預防色素沉澱及貧血。。
4. ( ) 維生素D為水溶性，是荷爾蒙的前驅物。
5. ( ) 蘋果的鉀質也多，可以防止腿部水腫。
6. ( ) 提神北耆茶功效：提神、消除疲勞、恢復體力、防止感冒等作用。
7. ( ) 礦物質具有淨血功能，更能將體內殘餘的農藥與重金屬分解，並排除於體外。
8. ( ) 蜂膠有非常好的滋養作用，特別是針對膚質的改善。
9. ( ) 百合紅棗粥效用：養血安神、保護肝臟、降低膽固醇。
10. ( ) 桂圓蓮子粥成分：桂圓肉五錢、蓮子二兩、米、少許糖。

選擇題

1. ( ) 當營養素不足時，身體會將營養素優先分配給重要器官，何者為非？ (A)肝 (B)心 (C)肺 (D)腎臟。
2. ( ) 關於植物蛋白質，何者為非？ (A)精純的大豆蛋白素含有氧化劑 (B)豆類食品對婦女的內分泌有協調作用 (C)具有保護自由基的功能 (D)以上皆是。
3. ( ) 何者為富含維生素A食品？ (A)魚 (B)甜薯 (C)蛋 (D)米。
4. ( ) 關於維生素E，何者為非？ (A)減少皺紋產生 (B)又稱為口服化妝品 (C)有益於視力 (D)減少老人斑的沉積。
5. ( ) 人體所需的碘大部分來自何者？ (A)海苔 (B)貝類 (C)乳類 (D)以上皆是。
6. ( ) 何者減肥功效，僅限於新陳代謝失調（例如經前症候群、更年期障礙）的肥胖較有具體效果？ (A)大豆油 (B)葵花油 (C)月見草油 (D)植物油。

7. (　) 何者含有原花青素的成份？ (A)葡萄籽 (B)藍莓 (C)小紅莓 (D)以上皆是。

8. (　) 關於維他命B_2，何者為非？ (A)含於綠色蔬菜中 (B)增強體內之新陳代謝 (C)促進頭髮、皮膚和指甲的健康 (D)以上皆是。

9. (　) 關於鉀，何者為非？ (A)有助於水分調節及神經系統 (B)促進肝機能之作用 (C)維持細胞內液體和電解質的平衡 (D)以上皆是。

10. (　) 何者非葡萄籽功用？ (A)降低血壓 (B)改善靜脈曲張 (C)避免皮膚下垂 (D)抑制發炎。

問答題

1. 蛋白質有何功效？

2. 維生素A食物來源為何？

3. 鈣的功用為何？

睡眠與保健

陳惠姿 編著

一、睡眠對人體的作用

二、睡眠的週期

三、生理時鐘與睡眠的關係

四、睡眠對健康的影響

五、促進睡眠之方法

一、睡眠對人體的作用

睡眠是每個人在生活中不可或缺的活動，可消除疲勞和使體力復原，是滿足生理上與心理上健康需求的一種狀態。每個人一生中約有三分之一以上的時間都在睡覺，人類在一個固定的24小時規律中進行清醒與睡眠。

當一個人對環境中細微的刺激做反應的能力漸漸降低時，便由休息進入睡眠狀態，所有活的有機體都需要一段睡眠的時間，以維持生存。睡眠可以促進發育和增強人體的免疫力、提升組織細胞修復功能、降低代謝率與體溫而保存能量。兒童需要的睡眠時間比較長，只有在睡眠時才分泌生長激素，因此人體生長發育與睡眠的質量有很密切之關係。隨年齡增長睡眠時間會減少，成人睡眠約平均每天7~8小時。

・睡眠對兒童、成人、老人之作用

1. 兒童需要的睡眠時間比較長，只有在睡眠時才分泌生長激素，因此人體生長發育與睡眠的質量有很密切之關係，若睡眠不足將影響身高。
2. 隨年齡增長睡眠時間會減少，成人睡眠約平均每天7~8小時，最少不得低於6小時，以免影響白天精神狀況。
3. 老年期夜晚維持長睡的能力變差，睡眠清醒週期提前，晚餐後約七、八點就想睡覺，凌晨三、四點就起床。

二、睡眠的週期

睡眠是一個週期性的生理節律現象，每一個睡眠週期大約是90分鐘，睡眠是由兩種循環交替出現的睡眠狀態構成。平穩的睡眠狀態為非快速眼動睡眠（NREM，non-rapid eye movement，又稱慢波睡眠），非快速眼動睡眠又分為四期：極度睏睡期、淺睡期、熟睡期、沉睡期。非快速眼動睡眠的生理現象為心跳、血壓、呼吸頻率會減少，肌肉放鬆，生長激素分泌增加。

非快速眼動睡眠之後為快速眼動睡眠（REM，rapid-eye movement，又稱快波睡眠）。快速眼動睡眠為變動的睡眠狀態，此時期負責將在生活中接收到的訊息加以

分類、整理，生理變化為感覺功能降低，肌肉更放鬆，腎上腺素、胃酸分泌增加，心跳、血壓、體溫上升，呼吸快且不規則，容易作夢。

日有所思，夜有所夢。夢是一種潛意識經驗，是在快速眼動睡眠時產生想像中的思考、感覺、影像、聲音，通常是非自願的。作夢時將白天發生的生活事件和之前舊的經驗聯結，在腦海中呈現出來，所以夢中有些地方會有似曾相識的感覺。

三、生理時鐘與睡眠的關係

生理時鐘說明

00:00~01:00 淺眠期－容易作夢，透過作夢將意識與潛意識不滿的情緒紓解。

01:00~02:00 排毒期－此時應睡眠，讓肝臟代謝廢物。

03:00~04:00 休眠期－熬夜勿超過此期，以免影響健康。

09:00~11:00 精華期－注意力及記憶力最佳，可安排工作與學習。

12:00~13:00 午休期－最好閉目小睡片刻後再進餐。

14:00~15:00 高峰期－是分析力和創造力最好之時期。

16:00~17:00 低潮期－體力耗弱的階段，勿因飢餓而過度進食導致肥胖。

17:00~18:00 鬆散期－此時血糖略增，嗅覺與味覺最敏感，可進食晚餐來提振精神。

19:00~20:00 暫憩期－最好在飯後30分鐘散步，讓消化更好。

20:00~22:00 夜修期－此為晚上活動的高峰時段，可執行需要仔細思考的活動。

23:00~24:00 夜眠期－應該進入睡眠，讓身心休息。

四、睡眠對健康的影響

睡眠對生理與心理統整有重大的影響，喪失睡眠會造成身體疲倦與神經肌肉協調變差，也會造成心理功能失常的反應，如：易怒、注意力不集中、缺乏定向感、精神混亂。研究已經發現，許多意外事故，如：車禍、工作意外與失眠、睡眠障礙有相關性。

美容保健小常識

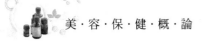

常見的睡眠障礙有睡眠呼吸暫停症候群，患者會有習慣性打鼾、鼻塞、常感到睡不飽的情況，治療方法為藥物使用，如：鼻黏膜消腫劑、呼吸促進劑。

(一) 睡眠時間與美容

利用晚上的子時（23～1點）睡覺及白天的午時（11～13點）午休睡眠，可養顏美容與修復、養護皮膚。

一天十二時辰當中，以子時入睡最好。因此時氣血流注膽經，膽為肝之餘，而肝臟藏血，這時有好的睡眠，清晨醒後將會氣色紅潤，精神佳。在午時小睡片刻，午休醒來後也會使疲勞減輕，增加工作效率。若子午時未休息，肝臟滋養不足，人將會精神不濟，臉色暗沉，容易長出黃褐斑、青春痘、皺紋等，因此常熬夜會造成皮膚狀況變差的情形。

(二) 睡眠時間與肥胖

睡眠不足會造成荷爾蒙分泌紊亂。生長荷爾蒙以晚上分泌最多，功能是增進器官的發育，加速體內脂肪的燃燒，防止體內脂肪堆積。

晚睡的人會使生長荷爾蒙分泌減少，若攝取過多的熱量將形成脂肪，身材就會越來越肥胖，所以正常的睡眠可保持身材苗條。

美容保健小常識

某些需要輪大夜班的工作，常會日夜顛倒造成生理時鐘紊亂，如：空服員、護士、守衛…等等，都是肥胖的好發族群，因為生長荷爾蒙分泌最旺盛的夜間11時到午夜1時這段時間內，他們需要工作而無法休息，所以較易發胖。

（三）睡眠與靜電

冬天空氣乾燥，較易產生靜電。睡眠時更容易產生靜電。靜電的產生為衣服摩擦。睡眠時翻身與蓋著厚棉被，所以會發生靜電現象。靜電會使肌肉緊張，影響睡眠甚至會造成肩痛和免疫功能變差。

睡眠品質會影響肌膚狀態，睡眠品質佳可促使生長荷爾蒙分泌，讓肌膚活性化，所以靜電影響睡眠時，將導致膚質狀況變差。

美容保健小常識

靜電不利於皮膚、頭髮的健康。因此要避免肉類和垃圾食物（如：油炸、加工食物、零食），因為此類食物會增加血液濃度，導致身體變成容易儲存靜電的酸性體質。

（四）睡眠與黑暗的關係

1. 褪黑激素

褪黑激素可以使交感神經的興奮性減少，減低精神壓力、讓血壓下降、心率減慢，提高睡眠品質、調節生理時鐘、緩解時差效應、強化免疫力、對抗細菌、病毒、癌細胞。

2. 松果體

松果體含有與眼睛相似的色素細胞，對光具有敏感度，會依據接收到的光量多少，來調節褪黑激素的分泌量。

在黑暗的環境中睡覺，才能製造足量的褪黑激素。若眼球看到光，褪黑激素分泌就會下降，因此晚上開燈睡覺，或是在白天光亮環境下睡覺者，身體的免疫力會降低，較易罹患癌症。

建議晚上睡覺時最好不要開小夜燈，若擔心半夜起床上廁所看不清楚，可在走廊點小夜燈，房間內盡量不要點小夜燈。白天若房間太亮可裝厚窗簾，協助擋陽光，以免因太亮而造成褪黑激素不足，影響健康。

• 圖12-1　紓壓伸展

五、促進睡眠之方法

(一) 布置一個安靜、適於睡眠的環境

環境是影響睡眠狀態的重要因素，因此會讓人不適的刺激都應去除。室溫、燈光、氣味、聲音、通風、寢具都應注意。適當之溫度與濕度、減少噪音及亮光、舒適的床單棉被。

(二) 供給身體舒適

1. 睡前可使用薰衣草或洋甘菊等，安眠類之精油按摩腹部以促進放鬆與睡眠。
2. 睡前喝一小杯加糖的牛奶也可助眠。

(三) 減少心理壓力

1. 若內心有害怕、焦慮不安時，應於睡前減少過度思考，以免影響睡眠。
2. 聽輕音樂、冥想、放鬆訓練。

(四)養成良好之睡眠習慣

1. 避免在床上看報紙、電視、小說。
2. 傍晚勿喝含咖啡因之飲料，如：咖啡、可樂、茶葉，避免因興奮而無法入眠。

(五)制定一份日常活動作息時間表

安排固定起床與就寢時間，維持一個規律的生活型態。

• 圖12-2　營造適合睡眠環境

參考資料

Malik, S. W., & Kaplan, J. (2005). Sleep deprivation. Primary Care: Clinical in Office Practice,32, p.475~490.

Schubert, C. R., Cruickshanks, K. J. ,Dalton, D. S.,Klein, , R ,& Nondahl, D. M.(2008). Prevalence of sleep problems and quality of life in an order population. Sleep, 25, p.885~889.

王建楠、吳重達，2007，睡眠障礙的診斷與治療。基礎醫學，17(6)，p.123~129。

洪家駿、梁繼權，2009，失眠的非藥物性治療。基層醫學，13(3)，p.55~58。

許森彥(2002)。夜班與輪班工作對身心健康的影響。勞工安全衛生研究所勞工安全衛生簡訊，24，p.17~24。

彭香梅、卓彥庭、賴榮年，2007，中醫古籍睡眠障礙之針灸療法。北市醫學雜誌，4(5)，p.1~12。

鄭泰安，1998，失眠的原因與治療。心身醫學雜誌，3(1)，p.7~13。

本章作業

是非題

1.（　）　生長荷爾蒙以白天分泌最多，功能是增進器官的發育。

2.（　）　成人睡眠約平均每天七到八小時，最少不得低於6小時，以免影響白天精神狀況。

3.（　）　非快速眼動睡眠之後為快速眼動睡眠，又稱快波睡眠。

4.（　）　一天十二時辰當中，以丑時入睡最好。

5.（　）　晚睡的人會使生長荷爾蒙分泌減少，若攝取過多的熱量將形成脂肪，身材就會越來越肥胖。

6.（　）　利用晚上的子時（23~1點）睡覺及白天的午時（11~13點）午休睡眠，可養顏美容與修復、養護皮膚。

7.（　）　靜電會使肌肉緊張，影響睡眠甚至會造成肩痛和免疫功能變差。

8.（　）　12:00~13:00 高峰期-是分析力和創造力最好之時期。

9.（　）　睡眠對生理與心理統整有重大的影響，喪失睡眠會造成身體疲倦與神經肌肉協調變差。

10.（　）睡眠可以增加代謝率與體溫而保存能量。

選擇題

1.（　）　每個人一生中約有多少以上的時間都在睡覺？ (A)二分之一 (B)三分之一 (C)四分之一(D)五分之一。

2.（　）　睡眠呼吸暫停症候群患者會有何種情況？ (A)習慣性打鼾 (B)鼻塞 (C)常感到睡不飽 (D)以上皆是。

3.（　）　生理時鐘23:00~24:00為何期？ (A)夜眠期 (B)夜修期 (C)暫憩期 (D)鬆散期。

4.（　）　何者含有與眼睛相似的色素細胞，對光具有敏感度？ (A)褪黑激素 (B)交感神經 (C)松果體 (D)生長荷爾蒙。

5.（　）非快速眼動睡眠又分為幾期？ (A)一期 (B)二期 (C)三期 (D)四期。

6.（　）若子午時未休息，何種器官滋養不足，人將會精神不濟？ (A)腎臟 (B)肝臟 (C)肺臟 (D)心臟。

7.（　）快速眼動睡眠的生理變化，何者為非？ (A)容易作夢 (B)胃酸分泌增加 (C)呼吸規則 (D)體溫上升。

8.（　）熬夜勿超過何期，以免影響健康？ (A)低潮期 (B)精華期 (C)排毒期 (D)休眠期。

9.（　）促進睡眠之方法，何者為非？ (A)睡前喝一小杯加糖的牛奶 (B)睡前可使用檸檬精油按摩腹部以促進放鬆與睡眠 (C)安排固定起床與就寢時間 (D)傍晚勿喝含咖啡因之飲料。

10.（　）何期為注意力及記憶力最佳，可安排工作與學習？ (A)精華期 (B)高峰期 (C)排毒期 (D)暫憩期。

問答題

1. 需要輪大夜班的工作對健康有何影響？

2. 肉類和垃圾食物對健康有何影響？

3. 靜電對睡眠的影響為何？

MEMO

MEMO

MEMO

MEMO

MEMO

國家圖書館出版品預行編目資料

美容保健概論 / 張嘉苓, 陳惠姿編著.--初版.--新北市 :
新文京開發, 2020.02
面 ； 公分

ISBN 978-986-430-604-6（平裝）

1. 皮膚美容學

425.3 109001034

美容保健概論 （書號：**B352**）

編 著 者	張嘉苓 陳惠姿
出 版 者	新文京開發出版股份有限公司
地 址	新北市中和區中山路二段 362 號 9 樓
電 話	(02) 2244-8188（代表號）
F A X	(02) 2244-8189
郵 撥	1958730-2
初 版	西元 2020 年 03 月 01 日

建議售價：300 元
法律顧問：蕭雄淋律師
ISBN 978-986-430-604-6

新文京開發出版股份有限公司
NEW WCDP
新世紀・新視野・新文京 — 精選教科書・考試用書・專業參考書

New Wun Ching Developmental Publishing Co., Ltd.
New Age · New Choice · The Best Selected Educational Publications — NEW WCDP

NEW WCDP
新文京開發出版股份有限公司
新世紀 · 新視野 · 新文京—精選教科書 · 考試用書 · 專業參考書